我的
生活
美学

余嘉方 著

从挑选餐具开始学习日常餐桌布置

化学工业出版社
·北京·

自 序
Preface

餐桌上的美学，是自然而然的积累，
不是矫揉造作的刻意堆砌

因缘际会之下，一头扎进瓷器餐具的绮丽世界，就像Alice（爱丽丝）闯进奇幻仙境Wonderland，从此就走不出去，也不想出去了。

对瓷器餐具的眷恋，源自于我对家庭生活的坚持，始终相信唯有一个幸福美满的家，才有面对纷扰世界的动力，也能在遭受外来的挫折过后，回到永远的避风港寻求一分家人的慰藉。

幸福美满的家，大抵就是一家人欢声笑语地共进晚餐，分享日间的生活大小事。而吃饭需要餐具，这些日日朝夕相处的生活元素，背负着我们与食物建立联结的使命，日日使用的餐具瓷器，无形中透露的是一种对于生活美学的态度与品位。

天生就对美的事物拥有莫名的爱好与向往，只要是漂亮的东西，就全都想拥有，甚至会有透彻了解它的心意。无形之中，餐桌的配置与色彩，已经渗透入心灵，布置一个匠心独具的餐桌，已经是一种浑然天成的本能，而不是一种照本宣科的技巧了。

其实，餐瓷代理才是我的本业，然而，在工作的互动中，和客人共同规划他们心中美好的餐桌蓝图，是我持续在这个领域耕耘的动力。每一次与客人交流的过程，像在催生一个幸福家庭，这些难能可贵的经验，都是人生里的美好馈赠，也是让我持续在这个Wonderland（奇境）探索更多新的可能的凭借。

在直接与客人面对面接触的现场，经年累月，有了一些深刻的体悟，发现台湾家庭餐桌上的许多问题，让我心生惋惜。比如，常常是今晚有重要客人来访，才急忙来买成套的餐具，仿佛是为了这一次的盛会才需要这些餐具似的。然而，对我而言，餐具是每日都会使用的生活器物，唯有经过日复一日的使用，与这些美的事物日久生情，才是我一直以来想要传达的餐桌生活美学。

投身餐瓷事业的这几年，经常需要到欧洲工作，借着工作之便，也认识许多欧洲朋友，常常有机会到这些欧洲朋友家做客，体验当地人的日常生活，而他们的餐桌，更是让我感受地道的欧洲风情最直接的途径。你很容易发现，他们对于餐桌这件事是那么的重视，却又不让人觉得刻意，仿佛一切关于餐桌的安排，只是生活里如常的一部分，是他们认为本就如此，而非蓄意营造，换言之，生活美学这样的概念，早已无形地融入他们的思想，他们的生活风景。

这样美的生活方式，让我魂牵梦萦，更期盼着将这自然之美，带进台湾的大小家庭里，让台湾人的餐桌，也能换上新气象。从重视餐桌上的美开始，逐步发现生活里的美，其而体会美的不经意、美的无所不在。因此，这本书，应运而生。

一只优质又富有设计感的餐桌瓷器，像一门大学问，你愈深入了解愈能发现它的美好，体会它的迷人之处，而这本书就像是一场美学Wonderland的入口，即将引领着你，踏进缤纷的餐桌时空。

目 录
Contents

1

About Porcelain
Tableware

2

Tableware & Food

3

Table Setting

4

Visiting the Friends
in Europe

走进欧洲人的家

5

Chinese Table

中式餐桌

1

关于瓷器餐具

瓷器餐具为你带来
生活中的幸福感

瓷器的英文叫作"china"，光从这命名就能轻易窥出它是源自中国，至今我们可能常听闻"白瓷""青瓷""黑瓷"，当然还有周杰伦以之为歌名的"青花瓷"，再厉害一点的，可能还知道"信乐烧""珐琅彩瓷""斗彩瓷"等，这些分类庞杂的名称，可能让人晕头转向，但非专业人士也无需钻研到多么高深，具备基本常识，能够有些粗略的认识，就可以让自己拥有更好的生活品位。

可惜的是，这些远在公元25年开始就存在中国传统文化中，并且遍及贵族生活的东西，却没有延伸到我们的现在的生活里。每每翻开国外的生活杂志，看到西方人将瓷器随心所欲地运用在日常生活之中，增添了生活的品位美感和趣味，都不禁让人思忖，我们的同胞是真的因为生活太过忙碌，压力太大？还是其他的原因，无法运用这些日常可见的器具为自己的生活带去快乐？

当逛到居家生活用品店，对那些闪闪发亮吸引目光的瓷器餐具，总是忍不住抚摸其细致的质感，久久不愿释手，思绪会飞得老远，从孕育诞生的东汉晚期，到发展到极致的唐代，再到发展出五大名窑的宋代……及至完全不同时空的英国风格的Royal Crown Derby（皇家皇冠德比），以及德国Meissen（梅森）、对质量非常苛刻的Villeroy & Boch（唯宝）等①，那些为china着迷的西方人，费尽千辛万苦研究出瓷器的烧制法。那些高岭土、长石等原料是经过多少过程才能成为手中握着的餐盘呢，这叫人怎能释手？

每一个人都应该要拥有属于自己的Life Style（生活方式），都值得为了追求自己的幸福感而多花点心思，就让我们一起开始为了领会人生的品位、生活质量而培养出对食器的美学概念吧！

①Royal Crown Derby、Meissen、Villeroy & Boch皆是世界著名瓷器品牌。

讲究功能性的德国瓷器，常常可见造型创新的设计，目的往往是为了让瓷器餐具在使用的时候更加便利。

法国瓷器上的图案最常见的是花卉，设计散发出独有的法式优雅风情。

现在市面上的英国瓷器，仍然可见皇家风格的图案和设计。

认识瓷器餐具的种类

因时代背景的差异而产生不同的设计

中国的瓷器美丽不可方物，这让西方人大为震惊。他们是如何制造出来的，这问题也让西方人绞尽脑汁。根据史料记载，清康熙三十七年（公元1698年），法国派了一位传教士到中国，这位传教士名叫昂特雷科，到中国之后，他还有了汉名——殷宏绪。殷宏绪选择了中国陶瓷最著名的地方景德镇居住，并且一住就是七年。

这七年里，他每天待在瓷窑作坊内，孜孜不倦地记录瓷器的制造过程，并不停询问瓷器工匠关于制造的各种问题。到了公元1712年9月1日，他将自己对于瓷器制作的所见所闻，向法国回报了一封翔实的信件，而这封"中国陶瓷见闻录"的信在《耶稣会传教士写作的珍贵书简集》发表后，引爆了西方世界对中国瓷器的狂热。欧洲各国开始仿效景德镇瓷器的制造工艺，并且不断研发更先进的制瓷方式。

以几个欧洲著名的制瓷国家来说，每个国家的瓷器大厂设计出来的产品，都具有各自的特色和品位。英国最早只有皇室能够消费得起，因此瓷器多供皇室所用，他们偏爱细致的骨瓷，设计上较为古典、精致、优雅，并且常会放上家徽的图腾，证明自己的身份地位；而法国人设计的瓷器较为浪漫、梦幻，却带着前卫而优雅的风格；德国常常是结合艺术设计，并且不忘表现当代的文化风格，加上德国人低调的民族性，往往有种洗练的沉稳；意大利则会使用文艺复兴或巴洛克风格的古典繁复图案或元素来做设计，但也有时也会制作花草图案的田园风或乡村风的厚陶器。

瓷器分类与时俱进

我们常常听到白瓷、骨瓷、贝瓷、珍珠瓷等，这是就材质对瓷器进行分类。一般最常见，被广泛使用的是白瓷和骨瓷；而贝瓷、珍珠瓷由于制作成本太高，仅流传于金字塔顶端的少数族群，也因此更为珍贵。其实若不想成为专家，也不需要多么深入地去了解瓷器，但是有些基本常识，了解了就能增加自身的品位和知识。下面就来浅显地了解一下这几种瓷器的差别在哪里。

德国人对"设计"这件事相当在行。因为他们较为注重家庭生活和生活的延伸面，所以在餐瓷的设计上，就不仅只是花色的改变，还会从细节处去思考新的款式如何更好地适应消费者的需求，像是瓷器大厂Villeroy&Boch，除了拥有许多不同餐具的模块，以便高效率生产出不同的餐具款式之外，即使同一套餐具，每个杯、盘、碗、碟上面的花纹也不尽相同，甚至连颜色都不会是单一色调。这些颜色能够互相搭配，并能保持整体性的色彩协调，让消费者在购买之后，有更多不同的搭配方式。

File 白瓷
Fine china

所谓的白瓷（fine china），指的是中国发明出来的传统白瓷，是以含铁量低的高岭土瓷坯，加以透明釉烧而成。现在白瓷泛指瓷胚为白色，表面上了透明釉的瓷器。不过因为白瓷过于素净，所以现在的瓷器厂多半会在白瓷表面贴上花纹后再上釉（被称为釉下彩），或是上底釉后再贴上花纹（被称为釉上彩），来增加白瓷的美观程度。而且白瓷耐用度极高，目前这也是最被广泛使用的瓷器。

File 2 骨瓷
Bone china

骨瓷（bone china）则是当年英国人为了仿制中国瓷器，在不断研究中，无意中发现加入动物的骨骼磨成的粉，可以增加透光性和洁白的程度，所以又称"骨灰瓷"，因为加了成分为磷酸三钙的骨粉之后，瓷土黏性会降低，可塑性变差，无法手工拉制，所以骨瓷在制作时需要用模具来压制或注浆成形。

因为骨瓷硬度高，所以会做得比一般白瓷薄，并且骨粉含量愈高在烧制时就愈容易破裂，价格自然也就更高。以国际标准来说，要称作骨瓷，加入高岭土中的食草动物骨灰粉含量最少要占25%（美国标准），甚至到30%（英国标准），如果骨粉含量高于40%，则称为"精致骨瓷"（fine bone china）。

在制作技术上，骨瓷需要经过高温素烧和较低温釉烧，如此至少两次的烧制，让颜色进入釉的表层，呈现釉下彩的光泽，再加上适合低温的颜料较为丰富，所以骨瓷能够做出色彩更为艳丽迷人的样式，不是其他瓷种可以比拟的，因此有人如此形容骨瓷：薄如纸、透如镜、声如磬、白如玉。

骨瓷之所以昂贵，除了因为制作成本较白瓷高之外，其硬度较高、优雅的乳白色、质地较轻、透光度较好也是受世人欢迎，成为瓷器市场主流的原因。但是随着科学日益进步，现今的白瓷生产技术也与时俱进，有时候光凭外表，很难辨别白瓷和骨瓷。

专题1

瓷器的分类——白瓷与骨瓷
Porcelain

场地提供／Jus House

色彩多变的瓷器餐具，通常多为骨瓷，因为骨瓷用的是低温釉，因此颜色选择自然丰富。

相较之下白瓷却能在造型上寻求变化，来自于其材料高度的延展性。

让你一眼分辨白瓷和骨瓷

那么，要怎么分辨白瓷和骨瓷呢？最简单的方法可以编成个口诀——形色声重，就是从"形状、色泽、声音、重量"四个方面入手。从形状上分辨，因为白瓷可塑性高，可以做出更加多样的形状，搭配性也较强，骨瓷制作时需要压模或注浆，虽然现在的技术也可以做出许多不同的形状，但相对白瓷还是有所不及。另外，相对而言骨瓷的胎质较薄，摸起来会更圆润光滑，透光性也较佳；但随着白瓷制作技术日益进步，有时光凭透光性或是圆润感也很难辨识。一般来说，白瓷的造型还是会比骨瓷来得多变。

从色泽上说，好的骨瓷因为加入的骨粉成分高，质地会愈为致密，表面光滑程度高，色泽也会呈现一种优雅的乳白色，而且，骨粉含量愈高，成色就愈接近乳白色。不过现在好的白瓷，在制作上也可以透过成分的调整变成乳白色，但是质量较差的白瓷，就会呈现不柔和的灰色或灰白色。

从声音上说，因为白瓷的质地较为厚重，所以拿两个白瓷碗相碰，会发出较低沉的"叮"声，一般来说不太会有回音或是余音；若是两个高档的骨瓷碗进行碰撞，质地较为坚硬的骨瓷一般会发出清脆的"当"声，较为清脆悦耳，而且会有回音，这就是为什么有时候在高级餐厅吃饭的时候，不小心把叉子掉在盘子上，会发出巨大回音的缘故了。

以重量上来说，同样形状的瓷器，一般来说是骨瓷较轻，白瓷较重，拿在手上也是白瓷更为有分量一些。

挑选好质地瓷器
餐具的秘诀

对大部分人而言，生活中虽然经常能够接触到瓷器，但往往会忽略怎么辨别什么是好的瓷器？什么是劣等的瓷器。其实，瓷器的好坏，和瓷器本身的材质、色泽、釉的质地、上釉的温度、次数都有很大的关系。

瓷器，主要是由高岭土烧制而成，从原料开始就有质地及成分的差别，其他加进去的成分也会影响烧制出来的成果；好的瓷器质地会比较坚硬，不容易因为碰撞而缺角或碎裂。我们可以回忆小时候家里使用的瓷器，尤其是台湾小吃摊会用来盛装食物的碗盘，就是那种外圈印着红色花朵、稍带点厚度，边缘镀一圈金线的那种盘子，曾经在台湾社会十分风行，但不难发现用了一段时间之后，表面上就会有刮痕，之后金线也会斑驳，而且很容易因为碰撞而东缺一角西少一块的，很快就变为残破的样貌。

这种容易受伤的瓷器，质地就是比较不好的瓷器，所以我常说："瓷器，就是要拿来用才知道好不好！我常常会使用许多不同产地的瓷器来了解每个品牌瓷器的特性。好的瓷器耐碰撞，耐用度好，也不易磨损，因为它本身的瓷质够紧密，硬度够，所以即使经常放进洗碗机清洗都不易损耗。这样的瓷器，才能称为好瓷器。"

另外，瓷器的色泽也很重要，尤其是餐瓷多半都是以白色为主，这个"白"，也有很大的学问。为什么当年欧洲人那么拼命地追求"骨瓷"的制法，就是因为它好用、耐用！真正好的瓷器，是带点乳白或是奶油的那种白，而不是透着灰色调的白。而骨瓷烧制出来之后，就会呈现这种看起来很温润的乳白色，就像中国人说的羊脂白玉一样，视觉上让人舒服，手感更是细腻，在瓷器界里是高级的象征。

质量好的瓷器餐具，底部的接触面都会上釉，避免餐具叠放时，损伤其他餐具。

台湾早期在餐厅、小吃摊常见的瓷器餐盘，或许质量不是最佳，但总能勾起一些关于饮食的共同记忆。

　　拿不同成分瓷土配比的瓷器在自然光下比较，就可以发现好的瓷器看起来是很舒服的柔和的乳白色，瓷土材质配比较差的瓷器，看起来就是灰白色。两相对照，大家就能很容易发现彼此的差别。所以要培养出一些对餐具瓷器的品位其实不难，多看、多比较，很快你就会成为专家。而影响一个瓷器的耐用程度，除了本体所使用的材质之外，另外一个关键是在"上釉"这件事。

　　在选购餐瓷的时候，大多数人都只是"以貌取人"地凭借表面的花纹、颜色、形状来挑选。当你购买了自己喜欢的花色，却在使用一段时间之后，就出现花纹斑驳、糊化等状况，多半是因为这种瓷器在贴上花样之后，没有再上一层釉保护，所以使用一段时间之后，就开始渐渐出现掉色的状况。

　　而讲究每一道工序的瓷器品牌，在制作过程中光是上釉就会经过四道工序，从高温釉到低温釉，密密实实地保护住瓷器本身，甚至更讲究的，还会在餐瓷表面贴上图案之后，再上一层较低温釉，把花纹保护起来，所以即使经年累月的耗用，也不会出现掉色的状况。

　　在挑选的时候，有一个小技巧可以辨别瓷器上釉的讲究程度——检查"底部"。一般瓷器在烧制完成后，底部多半都会留有一圈没有上釉的接触面，因为此处是烧制时瓷器和承托面的接触面，无法上釉，所以会是一圈摸起来较为粗糙的瓷胚。因为瓷胚的表面不够平滑，在餐具叠放时，就会磨损其他的餐具。而好的餐瓷，这个接触面也会上釉，瓷器底部一圈摸起来就会是平滑的质感。

品质好的马克杯可以用一辈子。

好的釉能够提供耐用坚固的保护层，还能够包覆住瓷器表面的毛细孔，让污渍无法浸入。相信大部分人都会有这样的经验，在常用的茶杯、咖啡杯上，茶垢、咖啡油会残留在杯子里，而且愈来愈无法清洗干净。市面上甚至推出专门用来清洗这种污垢的海绵，事实上一旦出现这种情形，已经开始"脱釉"，愈洗只会愈把釉洗掉，污垢也就愈无法清洗干净；另外就是盛装油腻菜肴的餐盘，有时候那厚厚的油污黏在盘子上，用热水加清洁剂都要洗个二次以上才会干净。上面这些经验，肇因都是因为釉上得不够均匀或是次数不够，让污垢、油腻粘在盘子上，并渗入毛细孔。相反如果釉上得好，喝完茶、咖啡的杯子，或是油腻的碗盘，甚至不需要用清洁剂，只需要用水冲一冲，用柔软的海绵抹一下就能清洁干净。

而这些细微的地方，都是要靠"亲身使用"，才能够真正感受到瓷器的好坏！所以餐瓷可不是摆在那里好看用的，而是要用力地使用，才能感受到它的好处。

这就是为什么好的瓷器品牌尽管价格较为昂贵，但是稍微对生活品位略有要求的人还是愿意掏钱购买，因为只要买得好，还能用来作为传家宝。相信大家都看过电影里面西方人常常拿着一只盘子依恋无限地说："这是我祖母传给我母亲，我母亲再传给我的。"而事实上这样好的质量，价格也未必是无法负担的，拿一只高质量的马克杯来说，也许价格在2000元新台币左右（人民币大约400元），一只普通的马克杯约为300多元新台币（人民币大约60元）。质量好的可以用一辈子都不破损，普通的马克杯平均半年到一年就需要更换，更没有留下来的价值。哪个划算一目了然。当然这也取决于个人的价值观，每一个人的Life Style会影响对于生活细节和品质的重视程度。

File 1 釉上彩
Fine china

在瓷胎经过第一次窑烧之后，加上釉彩，再进行第二次窑烧，完成这个工序之后再加上装饰，之后再做第三次窑烧，而这第三次窑烧的温度要低，大约只在1100～1150℃，把图案固定在瓷器表面。像是彩绘瓷、青花加彩瓷、五彩瓷、色地描金、珐琅彩等，都是属于釉上彩的瓷器。而釉上彩特别适用于名贵的金饰描边设计，不过这种上釉方式的瓷器不适用于洗碗机或微波炉。

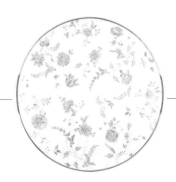

File 2 釉中彩
Fine china

瓷胚经过第一次窑烧后，加上釉彩，进行第二次窑烧，加上装饰之后，进行第三次窑烧，温度约在1200～1300℃，釉彩在这种高温下会融入装饰中，并形成一层保护膜，所以这种方式处理的瓷器，也适用于微波炉、洗碗机。

File 3 釉下彩
Fine china

一般瓷器多数是用这种处理方式，瓷胚经过第一次约1250℃窑烧成为素胚之后，表面加上装饰图案、花纹，再用1300℃窑烧高温，将底釉破坏，使图案、花纹可以融入底釉，然后再上一层表釉，经过第三次窑烧，温度在1200℃左右，在花纹表面形成保护层。我们一般看到的青花瓷、釉里红、釉下三彩等，就是属于釉下彩的瓷器。如果表面还有贴金箔或绘金装饰，待绘金程序完成，表面还要上1150℃左右的表釉覆盖，才能保护绘金或图案不会脱落，并且不会破坏最底层1250℃的底釉层。

专题2
神奇的釉彩

陶器和瓷器的光滑表层，就是我们所称的"釉"，这是一层透明晶体和玻璃的混合体，釉彩的成分、上釉的方式以及烧制的温度都会因应需要而有所不同。这层釉彩除了令瓷器显得美观，还可以保护瓷器，减少瓷器表面的气孔，让瓷器不易渗水、便于使用和清洁。

心爱的餐具需
用 心 照 顾

把自己喜欢的餐瓷选购回家之后，自然希望它可以经久耐用，永保如新，所以，如何清洁、收纳、保养其实是在使用餐瓷时需要注意的地方。

瓷器餐具怎么清洁？

用过的餐具，最好能够立刻清洗干净，有些人会先放着，懒得马上洗净，这对餐具来说不是一件好事，因为脏污容易残留在餐具表面，造成洗涤不易，也会降低餐具的寿命。

虽然好的餐瓷可以直接放入洗碗机中清洗，但最好的对待方式，还是用手清洗。先用温水冲掉表面污渍，再用海绵抹净即可。若是习惯用清洁剂，不用就觉得洗不干净，也请挑选不会伤害瓷器的中性的洗洁剂。如果要用热水洗涤，水温最好不要超过80℃。另外，也不要盛装滚烫的食物，或是将滚烫的餐具直接放入冷水中，以免温度迅速改变影响瓷器的质量，也许一次、二次没关系，但长此以往，对瓷器的寿命还是会有影响。

餐具清洗好之后，沥掉多余水分，用吸水性好的软布擦干，再放到橱柜里收纳，没有擦干的水分容易在瓷器表面留下水渍，也容易在橱柜里生霉，影响卫生及餐具的质量。

瓷器餐具怎么收纳？

至于收纳的方式，很多人都会觉得，把瓷器一个一个叠起来的方式很容易伤到其他瓷器，所以橱柜商就设计出可以把盘子一个个直立起来存放的收纳架，但这种方式很占空间，再加上如果盘子大小

不一、形状不同，就不太容易存放整齐。

其实，依照餐具大小、形状堆叠的传统方式，还是最佳的收纳方式。如果选用的是质量较好的瓷器，根本不必担心底部刮伤其他瓷器，因为好的瓷器底部会进行抛光上釉程序，多层上釉的工序保护了瓷器表面，所以基本不会出现刮伤的状况。若选购的瓷器没有经过这道处理，可以在瓷器和瓷器间垫上一层棉纸，减少餐具彼此之间的摩擦。

别 被 西 式 餐 具 吓 傻

对大部分中国人而言，虽然吃西餐的风气已相当普及，但西式餐具的使用仍是较为陌生的，尤其是西式餐具的大小、尺寸、刀叉的形式都有固定的规格，像是面包盘、点心盘、汤盘、餐盘……作用都不同，如果不熟悉的人，在桌面配置的时候很容易搞混。

不过，也因为西餐使用的盘子、刀叉都有固定尺寸规格，在选购时就可以依照自己的使用需求来购买。去餐厅时，依照"由外往内、由上往下"的顺序使用，多半就八九不离十了。

一般来说，西餐餐盘的区分主要以"尺寸"和"深度"来区分。制式的餐盘中，面包盘、主菜盘、展示盘、前菜盘、甜点盘多半都是圆形平底的盘子，只是尺寸大小不同；而有深度的餐盘有色拉碟、汤盘（碗）等，以这两个准则就可以区分出大部分的西餐餐盘。

而西式的刀叉，根据长短大小不同，会有不同的用途，从抹面包奶油用的面包刀，到一般的餐刀、主菜刀（又分成不同用途）、甜点刀叉等，虽然主餐刀叉也可以运用在食用前菜、色拉等，但是讲究一些的家庭或餐厅，为了不让每一道菜肴的味道互相混淆，会把不同用途的餐具区分开来。

File 1 餐匙
Fine china

长椭圆形的匙面，匙面尺寸相对较大，整体长度大约在20厘米。多半用来食用炖饭、意大利面或是汤水较多的菜肴。

File 2 汤匙
Fine china

圆形的匙面，整体长度大约在17厘米，方便把汤舀起来饮用。

File 3 咖啡匙或茶匙
Fine china

依照咖啡杯的杯型来选择适合的尺寸。一般来说，咖啡匙的容量较小，因为咖啡匙只是单纯用来搅拌，而茶匙有时因为茶品不同，有些会有内容物（例如水果丁、果粒之类），所以也可以当作小汤匙使用。

专题3
汤匙的种类
Spoon

西式餐具正式摆法
Formal Tablesetting

点心匙
Dessert Spoon

点心叉
Cake Fork

面包盘
Bread Plate

奶油抹刀
Bread Knife

鱼叉
Fish Fork

沙拉叉
Salad Fork

主餐叉
Dinner Fork

红酒杯
Wineglass (red)

白酒杯
Wineglass (white)

水杯
Water Glass

点心盘
Dessert Plate

餐巾
Napkin

展示盘
Service Plate

主餐刀
Dinner Knife

鱼刀
Fish Knife

沙拉刀
Salad Knife

汤匙
Soup Spoon

刀子的种类

主菜用的刀子，除了正式餐具会出现的种类以外，
还细分成其他不同用途的刀具。

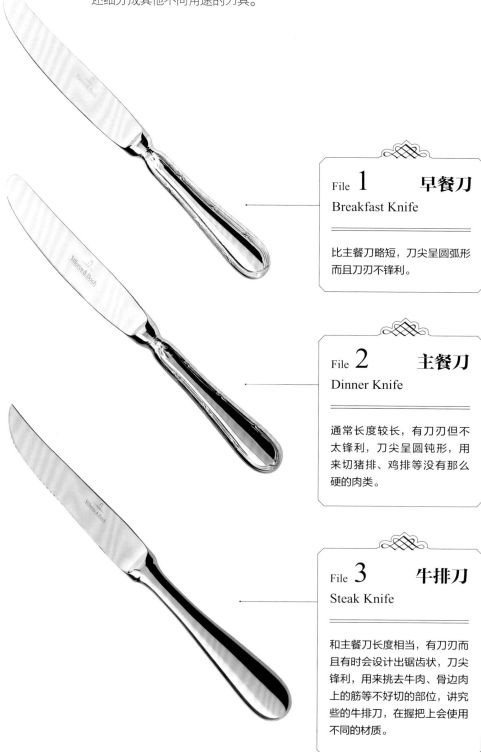

File 1 早餐刀
Breakfast Knife

比主餐刀略短，刀尖呈圆弧形
而且刀刃不锋利。

File 2 主餐刀
Dinner Knife

通常长度较长，有刀刃但不
太锋利，刀尖呈圆钝形，用
来切猪排、鸡排等没有那么
硬的肉类。

File 3 牛排刀
Steak Knife

和主餐刀长度相当，有刀刃而
且有时会设计出锯齿状，刀尖
锋利，用来挑去牛肉、骨边肉
上的筋等不好切的部位，讲究
些的牛排刀，在握把上会使用
不同的材质。

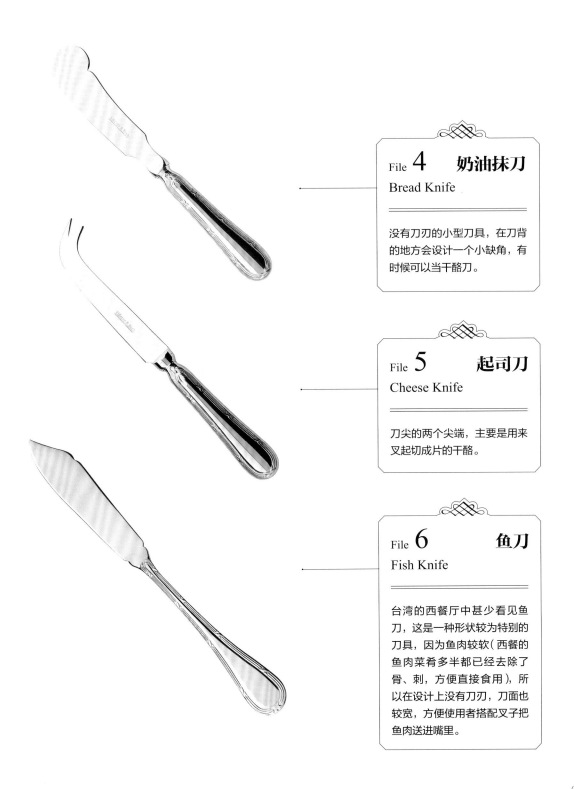

File 4　奶油抹刀
Bread Knife

没有刀刃的小型刀具，在刀背的地方会设计一个小缺角，有时候可以当干酪刀。

File 5　起司刀
Cheese Knife

刀尖的两个尖端，主要是用来叉起切成片的干酪。

File 6　鱼刀
Fish Knife

台湾的西餐厅中甚少看见鱼刀，这是一种形状较为特别的刀具，因为鱼肉较软（西餐的鱼肉菜肴多半都已经去除了骨、刺，方便直接食用），所以在设计上没有刀刃，刀面也较宽，方便使用者搭配叉子把鱼肉送进嘴里。

叉子的种类
Fork

File **1**　　鱼叉
Fish Fork

鱼叉的齿通常较为尖利，便于用来剔除鱼骨。

File **3**　　冷盘的肉叉
Meat Fork

冷盘菜肴中的肉冻，通常比较小份，以只有两齿的肉叉食用，便于使用又相对优雅。

File **2**　　点心叉（糕点叉）
Dessert Fork

点心叉通常比色拉叉短，通常为三齿。

File **4**　　主餐叉
Dinner Fork

主餐叉通常比较长，用来食用各种不同的肉类。

西式餐桌的
摆 设 准 则

以展示盘作为所有摆设的中心

当你备齐了所有餐桌布置需要的单品之后，却不知道从何下手，这时，展示盘会成为你餐桌布置的好帮手。用展示盘定位每个人的用餐空间，以家用的四人餐桌180厘米×90厘米为例，180厘米的一侧各坐两个人。在由外往内45厘米的中心位置放上展示盘，并使展示盘与桌缘保持一指的距离，如此一来，就能正确地摆设出每个人的用餐空间。若使用圆桌用餐，则可以粗略地将餐桌划分成四等份，再将展示盘的中心放在每一等份的正中央，个人的用餐空间就定位完成了。

餐具的正确位置

个人用餐空间定位完成之后，就可以摆放餐具了。展示盘的右侧摆刀（刀刃朝左），左侧摆叉，各距离展示盘1厘米，并距离桌缘2厘米，以此类推，往外依次摆出需要的餐具。若有准备面包盘，则放在距离最左侧餐具约1～2厘米处，并距离桌缘2厘米，奶油刀摆在面包盘的右侧1厘米处。展示盘的正上方距离2厘米处摆上点心叉和点心匙。

杯子的摆法

正式餐桌上的杯子那么多种，到底该如何定位呢？我们已经知道如何分辨各种杯子的用途，在摆放的时候，先以白酒杯为基准，对齐放在右侧餐刀的上方，再将红酒杯放在白酒杯的左上方45度位置，水杯放在白酒杯的右下方45度位置，形成一条完美的斜直线，就是最正确的杯子摆法。

餐巾柔和正式餐桌的线条

根据正式的餐桌摆设，餐巾的摆放位置是放在展示盘上，可以折出不同的花型来营造餐桌上的乐趣。如果不是特别讲究，也可以折叠成长条型压在展示盘下，或是放在左侧或右侧的餐具底下，都是可行的。

餐具与餐瓷如何搭配？

在欧洲，对于贵族而言，一套好的银制餐具是家里必要的配备，在正式晚餐都会拿来使用，对一般家庭来说，可以挑选一套质量好的不锈钢餐具。好的不锈钢，要挑选18/10的比例，至于握柄的花饰设计，要依照餐瓷的风格来挑选适合搭配的形式，才能够相得益彰。例如，古典风格的餐瓷，就适合搭配纹饰典雅的刀叉，如果拿设计感较为现代的刀叉来搭配，就会显得格格不入。如果家里的餐具风格差异较大，建议可以挑选设计较为中性，没有太多纹路装饰的刀叉。

展示盘的特殊意义

到正式西餐厅用餐，入座时会发现，餐桌上除了已经摆好的刀叉、杯子之外，往往都会有一个漂亮的展示盘，到底为什么要摆放这样没有实际用途的盘子呢？

底下的大盘，一般称作"展示盘"，是用来凸显餐桌风格和气氛的盘子，所以在花样上多半较为华丽，尺寸也会比上面的餐盘来得大，其材质有可能是瓷、也有可能是玻璃或其他材质，它的作用是打造视觉效果，让用餐的感觉更加精致，也可以增加对盘饰的美食鉴赏力。

没有太多纹饰的中性风格的餐具，搭配各种风格的餐瓷，基本上都不会出错。

正式西式餐具的通用尺寸

展示盘 Show Plate	30厘米
主餐盘 Dinner Plate	27厘米
点心盘 Dessert Plate	22厘米
面包盘 Bread Plate	16厘米
奶油刀 Butter Knife	19厘米
前菜叉 Small Fork	16厘米
鱼叉 Fish Fork	18厘米
主餐叉 Dinner Fork	21厘米
主餐刀 Dinner Knife	23厘米
鱼刀 Fish Knife	20厘米
汤匙 Soup Spoon	21厘米
前菜刀 Small Knife	19厘米

使用展示盘可以提升餐期的精緻感

当女主人将餐巾布打开放在膝上，就表
示可以开始上菜了。

将汤匙由身体一侧往前舀，才是汤匙正确
的使用方式。

使用餐具的基本礼仪

西餐餐具使用会有一定的顺序，因为西餐的餐具多、菜色多、规矩也多，所以，要想不贻笑大方，对于西餐的基本礼仪一定要有基础的认识。

西式餐宴多半都是坐在长桌上，当客人陆续到达时，女主人的工作就是先把餐巾布打开，放在膝上，就表示可以开始上菜了；到最后，女主人把餐巾布放在桌上，就表示这个餐宴已经结束，完全展现出 Lady First（女士优先）的精神。

在餐具的使用礼仪上，要注意些什么呢？下面就分别来说明几不同的餐具的使用礼仪。

汤匙

依据用途不同，餐匙有不同的摆设方法。一般来说，汤匙和餐匙会事先摆放在桌面上，甜点匙和咖啡匙则会随餐送上。在使用汤匙的时候，注意是要"往外舀"（由自己的身体往外舀），而不是"往内舀"，舀起后把汤匙送到嘴边食用，不要把头靠近汤盘，才能表现用餐的优雅；喝汤的时候也绝对和日本的拉面文化大大相反，绝对忌讳发出声音，当汤剩下一点点的时候，要轻抬起汤盘靠近身体的那一侧，使汤盘倾斜，再舀取底部的汤饮用，才是正确的方式。

刀子

餐刀依据不同用途，从一开始抹奶油用的奶油刀，到前菜刀、主菜刀、甜点刀等有不同的功能。在用餐的时候，绝对不能把其他的刀具拿来作抹奶油之用，而拿刀的手的食指，要压着刀叉的背柄，如此才能优雅地使力。在享用主菜时，会用刀叉把主食分成小块，如果是西式的用餐，是切好一块主菜，吃完后再切下一块。

用餐途中有事要离席时，必须把刀叉摆成八字形放在餐盘上。最后用餐结束后要把刀和叉以"平行"或"交叠"的方式，一起放在餐盘右下方四点半钟的方向，服务人员看到，就知道你已经用完餐点，应该来帮你收走餐盘和餐具了。

叉子

叉子的分类也像刀子一样，用于色拉、主菜、甜点等不同的食物，一般以菜的重要度决定餐叉的大小，所以主菜叉一定是最大的。在使用叉子时，切忌把菜肴送入口中后，用牙齿咬住叉子，这样是很不礼貌的行为。

（左图）暂时离开席位时，刀叉的摆放方式。（右图）用餐结束时，刀叉的摆放方式。

将餐巾放在桌上，表示已经用餐结束。

餐巾

　　虽然现在很多餐厅为了方便，把餐巾改成纸巾，但是在正式的餐宴中，用纸巾是不登大雅之堂的。餐巾的选择也要和餐具搭配，所以基本上，白色或是浅色系餐巾是较为百搭的选择。如果在家宴客，餐巾可以折叠整齐放在展示盘上或是展示盘的左侧，如果有些巧思也可以折成桌花。使用时，正确的方式是放在腿上，有些人会因为怕餐巾掉到地上，塞在裤子或是衣领里面，都是不雅观的。如果用餐中途离席去洗手间，餐巾放在椅子上即可，如果放在桌上，表示已经用餐完毕，服务人员就会把餐巾收走了。

杯子

正式的西餐厅，就座之后都会发现桌上一堆杯子，最基本的会有红酒杯、白酒杯、餐前酒杯和水杯。差别在于高脚水杯一般来说较高较大，有时会以用圆桶形杯子代替；餐前酒如果是气泡酒，则会有瘦长型的香槟杯，若是鸡尾酒，则视具体酒款定杯型；红酒杯比白酒杯的开口宽度大一些，高度往往也较白酒杯高。如果用餐时有准备更多款酒，讲究些的餐厅会一次把所有的杯子由外往内摆放，倒酒的时候由外往内倒，以方便服务人员在你喝完酒之后把酒杯收走。

在喝饮料之前，最好能用餐巾擦一下嘴，以免在杯缘留下太多油渍和唇印，很不雅观；擦口红的女士，喝完后若在杯缘留下唇印，应该用餐巾轻轻把唇印拭掉。

（由左至右）香槟杯、红酒杯、白酒杯、水杯。

餐盘

　　刚上桌的时候，讲究些的餐厅是会准备展示盘的，若只是一般家庭聚餐，可能就只有用餐的餐盘，用来盛装主菜，例如把一大块的烤牛肉分切下来放在每个人的餐盘里，或是把大盆色拉用色拉夹夹到自己的盘子里享用。如果是这种一大份食物大家分食的方式，多半是自己夹完之后，再递给下一个还没夹取的人。在展示盘的左侧，放的是面包盘和奶油刀，在展示盘正上方则是吃点心或开胃小点用的小叉子、小汤匙。西式餐宴为了避免食物味道的混淆，即使在食用分食的大分量菜色之后，都会把每个人使用的分食盘更换一次，不能吃完色拉后再装主菜，更别提吃完主菜再盛装甜点了。

　　每次用完一道菜，应该把用完的餐具放在盘上，不要把盘子往外推，这是不礼貌的行为。

除了个人使用的餐盘之外，分食用的餐盘通常会放在餐桌的中央。

汤盘（碗）

　　西式宴上，多半会上汤之后再上面包，将面包搭配汤来食用。盛装汤的容器又分成双耳汤碗、无耳汤碗或汤盘。如果是双耳汤碗，可以在喝之前，用汤匙先试温度，如果温度适中，可以直接用汤匙舀起饮用；如果汤太烫口，可以略等一下再喝，绝对不要噘嘴把汤吹凉，这样很不雅观。使用完的汤匙，不能够放在汤碗中，而要放在靠近身体一侧的底盘上。如果是汤盘，则可以把用完的汤匙置于盘中，但是汤匙的柄要朝右侧，汤匙的正面朝上。

面包盘

　　面包盘会放在餐盘的左侧，食用面包时，要用左手拿面包，用右手将面包撕成小块之后，再拿奶油刀沾上奶油抹在小块面包上，才能送进嘴里，把奶油直接抹在一整块面包上直接咬，是很不礼貌的行为。如果奶油刀是共享的，在抹完奶油之后，要把刀子放回原处，不能放在自己的盘子里。

（左图）使用汤盘喝完汤，应该将汤匙放在盘中。（右图）使用汤碗喝完汤，则应该将汤匙放在靠近身体一侧的底盘上。

餐瓷与欧洲人
的 生 活

因为常常到欧洲出差或旅行，时常有机会到欧洲的朋友家做客，他们很喜欢招待重要的客人到家里用餐。这时候，就能够看出欧洲人对餐瓷的讲究，他们把餐瓷当作一种生活品位，所以，每个家庭都会准备二套以上的餐瓷交替使用。日常用的可能是一般的瓷器，招待重要客人的时候，就会换上精美的骨瓷餐具，来表示他们对客人的重视。

所以，挑选一套代表性的优质餐瓷，对欧洲人来说就是一件很有意义的事情，例如，他们在结婚的时候，就会挑选具有纪念性花色的餐瓷，经过使用，赋予这个餐瓷与众不同的意义。在用餐的时候，他们可能会告诉你，这套餐瓷曾经招待过什么重要的客人，或是因为这套餐瓷，发生了什么有意思的故事。

当然，一套优质的餐瓷对欧洲人来说，自然也是所费不赀，所以欧洲的餐具店家就提供一种"Wedding List"的送礼模式。例如一对要结婚的新人，会先到某家餐具店家挑选一套自己喜欢的花色，然后准备要送新人礼物的亲朋好友，就可以到这个餐具店家，依自己能力范围来选择想要"认购"的瓷器，一直到把整套餐瓷都买下来为止。

其实这种方式所选购的瓷器，不仅代表了送礼者对新人的祝福，也让受礼的新人更加珍视这套餐具，因为它所蕴含的意义，已经不只是用来盛装食物的器皿，而是满满的爱和祝福。

这套餐具，是我结婚的时候，好朋友送来的礼物，简洁的设计缀以几何图案的排列，是一组很经典的瓷器餐具。每当使用这组餐具的时候，就会想起朋友们的祝福，愈加珍惜这份温暖的心意。

2

餐具与食物

让食物与餐具
相　　　恋

不同的菜色需要搭配什么风格的餐具，其中也有一些小小的学问。比如吃日本料理的时候，如果用的是很西方古典的餐具来呈现，也许会一种冲突的美感，但在感受上总会觉得哪里不对劲；又比如在吃主菜的时候，用了大小不合适的前菜盘，就无法突显主菜的气势。所以，餐具绝对可以影响菜肴的呈现。

试想，同样的食材做出来的菜肴，为什么在餐厅吃要比在路边摊贵，却让人心甘情愿掏腰包？除了环境、空间、服务之外，用漂亮的餐盘恰到好处地呈现做好的菜肴，能为整体价值感加分不少。

这也就是为什么，我们要花多一点钱去挑选优质餐具的重要原因。因为做菜是一种生活，菜色和盘子之间，是会互相呼应的，呈现出来的效果，就是一种美学的表现。

若是在家吃饭，一点点小巧思就可以让一个人吃饭也变得有乐趣；若要请亲朋好友来家里用餐，选用漂亮精致的餐具，可以让朋友感受到你对生活的品位之外，更能够使营造聚餐的好氛围。视觉和美味相辅相成、两位一体，只要你懂得如何搭配。

餐具与食物的
搭　配　原　则

那么，要怎样找到"食物和餐具"之间的对应关系呢？其实这是一个很笼统的问题，因为面对同一道菜肴，有时候换一个想法，换一个餐具，可以表现出菜肴不同的美感。不过，如果真的无法把握怎么运用餐具搭配食物，还是有一些规则可以依循。

不会出错的成套餐具

许多家庭，在购买餐瓷时往往会面临一个问题，就是"到底要不要花大钱买一整套的餐具？"特别是价格较为昂贵的高级餐瓷，如果一整套买下来，的确所费不赀。但是，毋庸置疑地，一整套餐瓷是最保险的购买方式，因为可以布置出餐桌的整体感，即使某些菜色和餐盘的风格不那么搭配，但餐盘之间的共通性，让菜肴也顺势产生联结，就能够营造出Eye Catcher（视觉焦点）的效果。

以食物特性选择餐具

如果无法拥有一整套的餐具，那么，可以根据不同的菜色来使用不同材质的餐具，也能呈现意想不到的效果。譬如色拉、冷前菜或是冰的甜点等温度较低的菜色，可以选用玻璃材质来呈现清凉的效果；在使用玻璃器皿的时候，要留意安全问题，虽然现已经有耐热玻璃问世，但如果无法确定玻璃材质餐具的安全性，最好使用于温度较低的饮料或食物。

需要维持热度才能保持美味的食物，可以事先将餐盘预热，以免菜肴一放上去，就因为遇到冷冷的盘子而一下子降温，所以应该选择耐热度高的餐瓷，不但可以承受高温且让食物保持美味的口感。

凉菜或色拉这类的菜肴，适合用玻璃材质的餐具盛装，借以表现菜色的清凉感。

使用成套餐具布置餐桌，可以轻松营造出一致性的美感。

白瓷适用各式料理，摆上日式料理的寿司，也别有一番精巧的美感。

百搭白瓷，什么菜系都适用

如果可以的话，最好的方式当然是准备日式餐点的时候用日式的陶制、漆木餐具，吃西餐的时候用西式餐瓷，吃中国菜时用有中国风格纹饰的瓷器、陶器。但是多半家庭无法同时拥有那么多种不同风格的餐具，所以"中餐西吃""日餐中吃"这种时下很流行的用餐方式，就为现代家庭提供了一个很好的解决之道。

在挑选餐具的花色、图案的时候，可以依自己家里最常烹调的菜式来决定适合购买的样式，如果真的无法抉择，百搭的白瓷就是首选，因为白瓷上面无论是放什么样的菜色，基本上都不太会出错。

掌握对比色的要诀

要让东西看起来可口，配色也是重点。例如白色的餐盘，其实比较适合盛装深色、或是色彩较为缤纷多样的食物，而深色的餐盘，用来盛装颜色较浅的食物，就可以把食物本身的特性突显出来；这是属于对比色的搭配技巧。拿常见的中国菜来说，色彩多半比较单一，特别是用酱油红烧出来的菜色，往往都是一个颜色，因为颜色较深，所以选用白色系的餐瓷最能表现出菜色的视觉效果。但是若遇到像白身鱼、鸡肉这种颜色不明显的菜肴，整体感觉虽然不会太出色，反倒也显得清爽。

酱烧色的中国菜，用浅色系的餐瓷盛装，最为相称，菜色与餐盘对比鲜明，增添其视觉美感。

善用花色餐盘，营造餐桌新风貌

利用较为冷色调的餐盘花色来呈现凉菜、色拉，而用暖色调的餐瓷来盛装汤菜、主菜等温度较高的菜色，都能起到相得益彰的效果。

为了让餐具看起来不那么一成不变，会用各种不同花纹、图案来增添美观。但有时候，一些看起来很炫丽的餐瓷花纹，会让人不知道应该摆放什么食物才不会显得太过花俏。尤其是一些不只是在盘边，而是整个盘面都有花纹的餐盘，往往更让人不知如何运用。其实，这样的担心有点多余，因为虽然整个盘面都是花纹，但是食物放上去之后，会把这些花纹盖住，看到的往往只是盘边而已，只要花纹的颜色和食物的颜色不会太过冲突，绝对是餐桌上的美丽风景。

不论是色泽单一的浅色醉鸡，还是缤纷的豌豆虾仁，放在花色适宜的餐盘上，一样赏心悦目。

餐具配合食物的形状

接下来就是什么样的菜色应该搭配什么形状的餐具。先就干、湿来分，像是牛、羊排，烤鱼等煎炸的食物，基本上不带任何汤汤水水的成分，就可以选择平盘盛装；但若像是咖喱、炖饭、炖煮式的菜色、卤肉等带有汤汁的菜色，就必须选用有点深度的盘子来盛装。

另外，盛装汤品的容器，在餐瓷里又分成双耳汤盅、汤碗、汤盘等不同类型，要怎么选择呢？一般来说，汤盅和汤碗较适合盛装质地较为清爽的汤，因为清汤温度比较容易降低，用深度较深、开口较小的汤盅、汤碗来盛装，比较容易保持温度；而像是浓汤这种流动性较低，温度降低较慢的汤品，就适合选用汤盘来表现；因为盘面宽而深度浅的汤盘，一来可以帮助浓汤散热，让客人在食用时不必一边喝一边吹凉，二来浓汤的做法多半是把食材都打成泥融在汤里，食用时并不会吃到固态的食材，看起来就是一个没有变化的平面。用汤盘盛装的浓汤，不但可以利用其他固态的食材（例如海鲜料、面包丁、香草等）在汤面上作装饰呈现汤品的丰富性。这时汤盘就成为厨师作画的画布，呈现丰富的视觉美感。

（下左图）根据食物的形状选择适合的餐具，比如鱼类这种长条形的食材，就需要长条形的盘子来盛装。（下右图）清汤使用汤碗盛装，可以降低散热的速度，保持汤品的温度，让食用者品尝到最完美的滋味。

八形盘的创新

这是Villeroy&Boch的经典设计，可以在不同的用餐场合做不同的使用方式。当一个人用餐的时候，大盘部分可以用来盛装中式的饭或面，小盘则盛装配菜或是凉拌小菜，不但方便，亦不会混淆菜肴彼此的味道呈现。再者，多人用餐的时候，大盘可以用来盛装主食，小盘则可以用来盛装搭配用的酱料，让菜肴的盛装更有趣味性，也增加餐桌上的设计美感。

如果只是在自家喝个轻松的下午茶，不妨准备一套茶具，和几个盛装点心的盘子便足够了。

根据餐期选择餐具

最后，就是要依照用餐时间和性质来选择餐具。早餐、午餐、晚餐，外加下午茶等不同的餐期，食物就不尽相同，选用的餐具当然有所差异。一般来说，早餐是最单纯的，特别是西方人的早餐，可能就是一杯牛奶或咖啡，一份烤吐司搭配煎蛋、火腿，再加一碗麦片，这时候用的餐具就很简单，马克杯搭配点心盘、麦片碗，就能够呈现出早餐的质感。而下午茶时，就可能要准备咖啡壶、茶壶，以及点心盘或是三层式的午茶点心架来盛装。

摆盘的超级技巧
—— 留　　白

在作画的时候，"留白"是一种艺术，其实，摆盘同样需要适当的留白，才能恰如其分地表现出菜色的美感。这个问题就牵扯到，一个餐盘究竟盛装多少分量的菜肴才适当呢？

大多数的状况下，这要看菜色的做法以及性质。就西餐而言，多半都以位上的方式呈现，每个人每道菜的分量都不会太多，所以盛装餐盘的时候可以保留适当的留白，看起来会不那么拥挤凌乱。如今的餐饮趋势有一种流行在大大的白盘上，利用不同颜色的食材和酱汁来作画，形成一种餐桌花园的感觉。或者是，利用较大型的盘子盛装水果、甜点这类颜色丰富的食物，也会有一种独特的气势。这些都是"留白"的表现。

另外，像是日本料理的摆盘，也很注重"留白"，他们在选择餐具的时候，往往使餐具的质感和菜色的特色相互辉映，而且在摆盘时多半都会留下很多空间，营造出"和、静、清、寂"的境界，这样的留白效果，可以完全把菜色的特性与美味表现出来。

将菜肴集中放置在盘子的一侧，留下另一侧的空白，这种摆盘的手法，更能突显食物的精致感。

热炒、煎、卤、炸……这类中国菜，由于颜色一般来说较为单调，再加上多半都是一些形状较小的食材"堆"在一起（例如宫保鸡丁、炒三鲜、葱爆牛肉等），所以盛装在餐盘上面就很难表现出美感，这个时候，如果把所有的菜一股脑儿地放在盘子里，盛得满满的，整体质感就会大打折扣，而这也是许多中国人的家庭中，盛装菜肴时常会出现的问题。

其实，像这种"成堆"的中国菜，在盛盘的时候，更需要在盘边适当地"留白"来凸显菜肴本身。这所谓的留白，并不一定要选择白瓷盘才对，而是利用餐瓷的色彩及形态，把菜色技巧地摆设上去，原本可能是零碎而单一的菜色，看起来马上就变得有质感。

3

餐桌布置

餐桌，生活能量所在

餐桌无疑是最能给人补充能量和得到休息的地方。

一早起床，餐桌可以提供给我们一天能量，悠闲地喝上一杯咖啡，配上三明治或是面包，一边看看报纸或家人彼此叮嘱接下来的一天该准备的有没有漏掉的？午餐也许不在家里吃，但是SOHO(在家办公的自由职业者)族或是家庭主妇结束早上的忙碌，就算是一个人，也值得为自己准备一份简单但营养的午餐好好享用，补充下午需要的体力和精神。晚餐，则一般是家庭相聚的时机，更应该用心去准备，与家人在一起一边品尝美味的食物，一边分享一天的经历。

更不用说恋爱中的男女，在浪漫的爱情电影里，那令人心醉神驰的烛光晚餐，有鲜花、烛台，还有晶莹剔透的水晶杯、美丽花纹的桌垫、折成精致造型的餐巾……再加上温柔的灯光，成了许多女生心目中向往的罗曼蒂克用餐情境。

以上这些理由足以让人重视餐桌的布置了吧？也许生活很忙碌、也许压力很大、也许心思从来没用在这件事情上……，但其实餐桌布置这件事并没有你想象中的困难，只要稍稍从剪不断理还乱的烦恼里转移一下注意力，放在自己可以控制的生活小乐趣中，就可以在每一个用餐的时间里，都获得幸福的感觉。

餐桌布置其实不一定是蜡烛、水晶杯与鲜花这类大家既定印象中的东西，一些针织品、小摆饰就可以营造出温馨的用餐气氛。平时经过小饰品店，或餐具店，都不妨进去逛逛，多看、多感受，找到自己喜欢的东西，想象家里的餐桌上放上什么东西会让自己有好心情，慢慢地，你就会找到自己的风格，培养出独到的眼光和需求，并且自然而然地融入生活里；到了像圣诞节、感恩节或是庆生会、结婚派对时，就可以多花点心思，依据不同主题来布置餐桌，让来参加的客人，还没用餐就先感受到主人的美学素养以及对宾客的重视。

餐桌布置表达对
客人的重视

如果可以依照餐宴主题或是客人的个性（喜好）来设计一个有意思的餐桌，不仅对邀请来的客人是一种尊重，也能让客人留下深刻的印象，客人能体会到主人对餐会的用心，不仅可以成为用餐之余的话题，整个用餐气氛也会格外不同。

当然，要布置出一个很有"感觉"的餐桌，请教专门的餐具商店，一次购齐所有单品，就可以很简单地营造出一个你喜欢的餐桌，但是，多数人都没有那么多预算可以一次购买一整套餐具，在这种情况下，要怎么利用现有的东西再搭配一些新添购的单品来做餐桌布置，就需要花一点心思了。

在做餐桌布置之前，自己心中一定要先有一个蓝图，尤其是中国菜多半是采取合菜的方式上菜，而不像西餐以位上的方式上菜，所以首先就是要把当天用餐的菜单确定下来，再决定使用什么餐具来盛装什么菜、上菜顺序、应该摆在哪个位置……，都得在心中先有一个初步的规划，然后再决定布置的主题，还有布置的重点。

亲自动手花心思布置一个餐桌，最能表示对客人的欢迎和心意。

以不同深浅的绿色为餐桌的主色，搭配白色的餐盘，这样以两种颜色搭配的手法，是很容易成功又方便的布置原则。

布 置 餐 桌 入 门 知 识

我们可以先掌握几个餐桌布置的重点，来建立基本概念。

颜色

颜色是最先吸引目光的主要元素，桌巾、餐垫、口布（餐巾）、餐具、花器的颜色，如果搭配得好，即使使用的餐具并不是一整套，也会有一个整体感；但如果随意在餐桌上摆上各种颜色，不用等上菜，就会让人有头晕眼花的感觉，破坏吃饭的胃口。

让缤纷的色彩在一个餐桌上和谐存在并非不可能，但是难度会较简单的单一色彩来得高。我们可以先决定一个色系作为主色，再选另一个辅色来作搭配，基本上就能够使颜色有一致性，再来选择要使用哪些单品，放上餐桌之后，初步的整体感就出来了。

菜单

整个用餐时间、食材的选择、菜单的内容和呈现的方式，都与餐桌布置有绝对的关系，因为每一道菜的颜色、摆盘方式，关系到你要选择什么样的餐具来盛装，例如，如果要上一条红烧鱼，就需要一个长形的鱼盘，如果要上带有汤汁的菜品，就需要有深度的深底盘……决定好了要使用的餐盘，再规划好上桌后摆放的位置，上桌后才不会凌乱。

客人

　　为什么客人也会是餐桌布置的要考虑的因素呢？因为如果事先了解客人的喜好，依据来赴会的客人的个性、喜好来决定餐桌布置的重点，对于客人来说会是很窝心的一件事情。甚至，在决定邀请客人名单的时候，就先把一些有相似喜好、性格的朋友约在一起，避开喜好差异太大的客人共同聚餐，对于菜单、颜色、摆饰的决定，会更让你得心应手。把自己陷入两难，会是宴请灾难的开始。

季节

　　虽然台湾不像国外那么四季分明，但季节也可以在餐桌布置时，成为一个重要的因素。因为每个季节所产的食材不太一样，如果利用季节食材作为餐宴主题，就决定了选用什么烹调方式。

　　例如夏天的时候，就会比较适合凉拌类或是不那么燥热的菜色，这时候，就可以选择玻璃餐具就能营造出有清凉感的餐桌情境，让大家胃口大开，连装饰的花器都可以选用带清新感觉的材质；而冬天的时候，则可以用一些温暖的颜色搭配蜡烛，呈现出温馨、浪漫的感觉。而餐桌摆设除了鲜花之外，还可以选择用一些枯木或是人造花来表现，那就又会是另一番情境。

（左图）南瓜是万圣节的餐桌不能缺少的单品，只要一放上南瓜，节庆气氛就马上加分。（右图）颠覆传统圣诞节的红绿配色概念，用红色和黑色作为主色，让圣诞节餐桌具有独特的个性。

节庆

　　如果是特殊的庆祝餐会，餐桌主题就比较容易定调。比如新年、圣诞节、生日餐会、结婚派对等，大家脑海中都会马上浮现出大概的画面，就像是外国人在万圣节餐会时，会在桌子上放大大小小的南瓜作为餐桌布置的主题。

　　其实同一个节庆布置，也可以变化出别出心裁的有特色的呈现方式。好比传统圣诞布置，大家习惯采用"红配绿"的色系呈现，但跳脱了红配绿，还可以有更多的变化，例如本书上一页就有一个"黑色圣诞"的主题，以黑色为基调，搭配抢眼的红色互相穿插，选择圣诞风味饰品时，也依照这个主轴，整个呈现出来的就是一个很有个性的圣诞布置，也会让宾客有耳目一新的感觉。

夏天的餐桌，除了用浅色系的餐瓷或是玻璃制的容器来表现清凉感之外，不妨放上几个别致的贝壳，点出夏天的海洋气息。

层次感

决定了餐桌布置的元素之后，怎么将所有元素摆放到位，也是一门很大的学问，因为即使元素都到位了，摆放的位置不对，就浪费了精心挑选的布置单品了。

餐桌布置的层次感，就像是菜肴的摆盘一样，把什么东西放在什么位置都需要花费心思，抓住"层次感"这个要素，就容易得心应手。首先抓出重点主题，比如餐桌花往往会是餐桌上的视觉焦点，如果没有主题餐桌花，也可以运用一个高度较高的烛台作为整个餐桌的视觉焦点，而所谓的层次感，就是"由高到低"，餐桌的焦点是最高的，挑选搭配的饰品高度就要稍矮一些。例如，有了一个较高的烛台，就可以运用较低矮的小型桌花来衬托漂亮的烛台；但若主题餐桌花高度较高，就适合搭配小型的烛杯，或是其他小配饰。

餐桌的中央放上两座水晶烛台，再将花饰放在最中央，以此形成一个完美的错落层次，是餐桌布置很重要的设计手法。

餐桌布置必备单品

有了餐桌布置的基本认识之后，来看看有哪些入门级别的必备单品可以选择，平时逛街时就可采购。

File 1 中式餐瓷

运用中西合璧来配套

依据中国人的用餐习惯来说，必备的餐瓷包括个人使用的餐瓷和盛装菜肴的共享盘。在个人使用的餐瓷方面，必备的单品是一个饭碗、一个骨碟、一个汤匙。

在这里要跟大家分享一个观念，就是绝大多数中国人都会把"饭碗"当作"汤碗"，也就是在吃完饭之后，再用饭碗盛汤来喝。其实，这是相当影响食物美味的做法，我强力建议大家一定要准备一个"汤碗"，而不要用吃完饭后可能留有食物酱汁、残渣的饭碗来喝汤。中式的餐瓷单品，其实可以从西式的餐瓷中挑选出来，像是饭碗可以用西式餐瓷中的无耳汤碗代替，而汤碗就用有耳的汤碗，就可以区分出两者的不同，再加上用面包盘作为骨盘，基本上个人使用的餐具就齐备了。

中国菜的菜色，很多都是会带汤汤水水，所以在单品的选择上，可以选择大平盘、深盘、平盘各两个，再加上一个汤盅（可依据个人需求选择有盖、无盖的）、汤瓢。

进阶后，可以考虑选购长形的鱼盘，作为盛装鱼类菜肴或是长型菜肴使用，以上的每个单项加起来，功能性就很齐全了。

File 2 西式餐瓷

大中小盘俱全

如果要准备西式餐瓷，就要每个人各准备一个面包盘、一个前菜盘、一个汤碗（或盘）、一个色拉盘（或碗）、一个主菜盘、一个甜点盘。如果准备的餐点道数更多，就还要再另外购买不同功能的餐瓷。

当然，西式餐会中也会有"大分量共享"的主菜，像是烤火鸡、烤全鱼、或是烧烤牛肉、大盆色拉等，这时候就要视情况准备大餐盘，作为分食盛装之用。

1. 餐瓷 Tableware

餐瓷是餐桌布置最主要的元素，从一人一套的餐具，到大家共享的菜盘，大大小小的单品分类相当细，依据不同功能而设计出的不同盘子，往往让人不知该怎么挑选。基本上，餐具的风格的挑选通常取决于家里用餐倾向哪种菜色。。这里我们按最常使用的中式、西式分类来介绍必备的餐瓷单品。

2. 餐具

有了餐瓷之外，用来取食的餐具也是餐桌布置中不可或缺的元素。即使是一双筷子、一支汤匙，如果挑错了风格或材质，也会让整个餐桌布置的效果大打折扣。同样的，餐具也要配合中、西式用餐习惯来选购。

File 1   中式餐具

不可忽略的筷架和汤匙架

中式餐具其实配置非常简单，一双筷子加上一个汤匙就搞定了，如果想要让餐桌上的摆设更有质感，筷架和汤匙架最好也能够备齐，因为在用餐过程中，直接把筷子或使用过的汤匙放在桌面，容易弄脏桌子，有筷架不仅看起来优雅，使用起来也比较卫生。

汤匙架就要看选购的是瓷制中式汤匙还是西式不锈钢汤匙，若选用西式不锈钢汤匙，市面上有可以同时摆放汤匙和筷子的架子，但在购买之前，一定要先想清楚搭配的餐具风格、颜色等，以免在餐桌上过分抢眼，不协调。

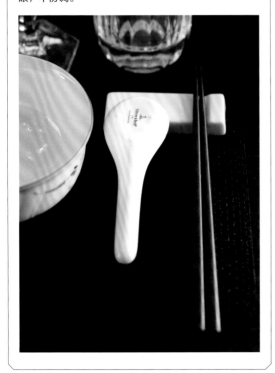

File 2   西式餐具

百搭的中性风格设计

西式的餐具就像餐瓷一样品项繁复，每种碟（碗）都会搭配不一样的餐具，面包盘要配奶油刀，色拉盘要配色拉刀叉，汤碗（盘）搭配圆形汤匙，前菜盘要配前菜用的刀叉，主菜盘又依不同主菜分成主餐刀、牛排刀、鱼刀，而甜点盘有吃甜点用的刀叉，就连咖啡杯或茶杯搭配的小匙也都不同，大家依照自己拥有的餐瓷品做搭配。

在挑选的时候，同样要依照餐瓷的风格来选择适合的刀叉，现在有些设计感十足的刀叉，就很不适合搭配描金边、花纹繁复的古典骨瓷，所以如果家里拥有两套以上的餐瓷，或是以后打算买不同风格的餐瓷，在选择刀叉的时候就要挑选较为中性风格的餐具，就可以不需要为了搭配不同的餐瓷购买两套餐具。

Linen

3. 布制品

桌巾不失为一个用来改变餐桌原貌，让用餐变得更有情调的好帮手，并且还可以避免桌面脏污或刮伤。

在挑选桌巾的时候，首先要看自己家里餐瓷的风格来决定桌巾的花色，颜色方面，最好是与餐瓷的颜色深浅形成对比，例如，浅色餐具最好搭配深色桌巾，深色餐具则以浅色桌巾来衬托；除了深浅之外；色系的选择，以和餐瓷协调的色系为首选，若要用对比色系，也要避开太过不搭调的组合，以免破坏桌布整体的协调性；花纹的选择上，尽量以简单的缇花或是素面为主，太复杂的图样在搭配上会比较困难。

当然如果你是一个喜欢大胆尝试的人，也无需太过设限，就让自己尽情地尝试，毕竟生活品位和乐趣还是自己喜欢最重要。

在餐桌布置上，桌旗能起到画龙点睛的作用，无论用不用桌布，在餐桌中央横置一幅长桌旗，让它自然垂坠在桌子两侧，上面再摆上用来布置餐桌的饰品，整个主题就会被突显出来。桌旗的花色可以依布置主题挑选，只要风格和餐瓷、餐垫是统一的，就会呈现整体美感。不过一般说来，桌旗较适合长形餐桌，圆桌就不太适合放桌旗。

现在也有一种比较新派的方式，利用鲜花的花瓣（例如玫瑰这种比较不易变枯的花瓣），错落地洒在餐桌中央，也算是一种类似桌旗的布置方式，如果不想另外选购桌旗或是更喜欢鲜花的质感，不妨参考这种方式。

File 3 　　　　　　　　餐垫

餐垫的作用除了装饰之外，也能避免弄脏桌布或桌面，尤其是可清洗材质的餐垫具有很强实用的功能性，吃完饭只要用湿布抹净就行了。

现在市面上的餐垫材质、花样变化性都有非常多的选择，只要挑选对了，就能对整体餐桌布置起到画龙点睛的效果。不过，若同时使用桌巾和餐垫，一定要考虑餐瓷的颜色，餐垫不要选用和餐瓷太相近的颜色，才能把餐瓷的美感衬托出来。

File 4 　　　　　　　蕾丝桌巾

很多女生对于蕾丝都有一种偏好，的确，美丽的蕾丝让人着迷。坊间也有不少蕾丝桌巾，精美的花样让人爱不释手，但是，蕾丝桌巾在餐桌布置上是不太容易处理的单品，最好是把蕾丝当作搭配的桌垫、或是桌旗，而不要一整张桌巾都是蕾丝，这样很容易变得太过做作。

4. 烛台

都说"烛光晚餐"是许多人心目中最浪漫的用餐情境，所以，烛台绝对是餐桌布置上，很容易形成视觉焦点和营造情境的最好单品。烛台又分高、矮、单支、多支等不同的形式，要怎么挑选，其实还真得花一番心思。

如果家中常会有正式的宴客，建议可以添购一组3～5支组合在一起的大型银制烛台，点上细长的蜡烛，往餐桌上一摆，整个气势就出来了，而蜡烛的颜色也可以依餐桌布置的色系来变化。但这种组合式的烛台一般价格比较高，也较适合长形的桌子使用，在选购前要先考虑一下自家餐桌的形式再做决定。

而单支的银制烛台，可以购买高低不同的各种规格，只要记得"高低错落"的原则，就能在布置餐桌时任意运用。

银制烛台是较为雍容的选择，可以依据个人喜好的风格和预算而选择其他材质的。现在很多人喜欢用玻璃烛台来点缀餐桌，或是利用高低不同的玻璃柱状花器，在里头装上不同高度的清水，再放进水上蜡烛，让它们像是漂浮在不同高度，都是很好的装饰方式。大家可以尽情发挥自己的创意想法创造不同的餐桌效果。

Candlestick

如果担心银制烛台不好保养，
水晶烛台也是一个好选择，容
易保养又很有气氛！

银制品保养

银制品虽然温润美丽，但是大家最担心的还是保养
问题，因为只要经过一段时间银就会慢慢硫化而发
黑（这是银与空气中二氧化硫接触后的自然现象），
而失去本身特有的光泽，保养上需要注意。
如果不小心变黑了，可以用市场上的银制品清洁膏
处理，把清洁膏涂在绒布上，再用布擦拭银制品，
就可以保持较长时间的光亮如新。如果是烛台，可
以在表面喷上一层针对金属的透明树脂喷雾，就可
以隔绝外界空气，防止银制品变色。

5. 花材

美丽的餐桌花是餐桌布置的时候,很容易达成情境效果的素材,而花材的变化性也很大,从简单的一朵花,到一整盆花,营造出来的效果都不一样。

除了鲜花之外,可以运用的花材包罗万象,有时候,摆上几根漂流木,或是一把麦穗,或是在玻璃花瓶里放上几片大型叶片植物,都可以呈现不同的效果。

如果自己不会插花,市场上有许多专门设计盆花、桌花的花店,可以依照你的需求量身定做。如果采用盆花,花器的选择也相对重要,为了不让花器抢过餐瓷的风采,在选择花器时尽量以线条简单、图案单纯甚至素色的单品,好突显花材本身的美感,也不会有喧宾夺主的感觉。

Floral

将蕨类植物卷起放进玻璃花器,让餐桌上的风景更有变化。

用高低大小不同的玻璃杯错落
布置在餐桌中央，分别插上同
一色系的花朵，是容易掌握层
次感的布置技巧。

餐桌布置的
基 本 概 念

如同烹调一桌子好菜，要先买好齐全的食材，餐桌布置也必需准备好该有的元素，才能开始着手布置；而买菜时要先想好自己要煮什么菜，在准备餐桌布置的元素时，最好在心里也要有个蓝图，也就是布置的主题或重点，才能够在布置餐桌时得心应手。

但有些人在采购餐具用品的时候，会有没有思考周全就下手的情况，"这个好像也不错，那个应该会很美"，结果可能买了一堆占用居家收纳的空间并且用不上的东西。所以，在着手进行布置之前，我建议大家要先想好餐宴主题、上菜顺序，再决定布置的元素。还有一点要特别注意，要先把家里的餐桌尺寸量好，因为餐桌的尺寸关系到桌布、桌旗等布制品的长宽尺寸。甚至在一些小家庭里，为了不占用太多居家空间，餐桌尺寸比较小，这样，不只会影响布制品的尺寸，可能餐盘的大小都会受到影响。

桌子的尺寸会影响到餐盘的尺寸，这就是"配置"问题。餐桌布置，就好像画图一样，不是把颜料涂满画布就一定好看，而要讲究整体性和平衡感。所以如果餐桌的尺寸不够大，可能上菜时主餐盘就把桌子给占满了，这样就不用再多费心思去思考其他的装饰，摆上基本的餐具就很足够；反之，如果是大尺寸的餐桌，每个人之间座位的间距、摆设餐具的空间，以及摆饰装饰品的距离等，都要事先规划好，才不会让整个餐桌显得太过零散。一般来说，一个人的用餐空间大约是70厘米宽。在这个空间里，基本可以摆上个人使用的餐盘和基本餐具。若想要多增加其他的装饰品，就需要先衡量餐桌的尺寸和用餐人数，保证个人用餐空间外，如果空间足够，则可以多增加一些符合餐桌气氛的装饰，反之，则让餐桌上的配置简单即可。视情况增减餐桌上的单品，也是餐桌布置很重要的一环。

布制品的配置技巧

桌布，是布置餐桌时，很容易搭配而且能突显正式感的道具，换一张桌布，就像是换了新的餐桌，可以玩出不同的样貌的餐桌布置。要怎么表现出餐桌的质感，选好尺寸是很关键的要点。

一般来说，选择桌布尺寸的计算方式为桌面尺寸长短各加60厘米。一般的餐桌设计高度为75厘米，通常桌布从桌缘下垂的长度最好能控制在30厘米，也就是离地45厘米的位置，看起来是最为美观的比例。因为椅子的高度一般就是45厘米高，所以下垂的30厘米桌布，刚好可以盖住膝盖部位，入座时，桌布也不会卡住腿部，保证视觉效果和用餐的舒适性。

举例来说，长180厘米×宽90厘米的餐桌，就需要选择长240厘米×宽150厘米的桌布，而150厘米直径的圆桌，则应该选择210厘米直径的桌布为佳。

如果用餐垫搭配桌布或桌子，标准餐垫的尺寸为45厘米×30厘米或40厘米×30厘米，这刚好是一人份餐具配置的空间大小。在同一张餐桌，其实也不一定要全部都用同一种餐垫，也可以使用不同类型的餐垫，交错式摆放，增添餐桌布置的趣味性，但不宜太过复杂，否则会有眼花缭乱的反效果。

如果是正式一点的餐宴，建议大家在餐桌布置时，尽可能准备口布，而减少用餐巾纸，因为口布的质感要比餐巾纸好很多，使用起来也显得较为优雅。一般来说，口布的尺寸以45厘米×45厘米为主，多半都是棉织品，擦拭手口较为舒适，在清洗上也比较方便。

如果你是餐桌布置的新手，对于口布的折叠技巧不太了解，不知道怎么下手，建议大家只要把口布整齐地折成长条状，放在餐具一侧，就能提升整个餐桌的美观和质感。如果懂得口布的折叠技巧，那就不妨善用这个能力，漂亮的口布造型，会是餐桌布置时，一个很有视觉效果的重点。有人会把口布折成花形、锥形、卷筒形……甚至搭配餐巾环，让用餐的人享受到被款待和重视的感觉，并营造出更有气氛的餐桌。

桌巾可以变化餐桌的气象，桌旗则除了可以增加餐桌上的层次外更能清楚划分个人的用餐空间。

餐桌上最安全的颜色

餐桌布置，配色是一个最先决定视觉效果的重点，如何掌握餐瓷、桌巾、餐垫、桌花等元素的颜色协调性，可能是大多数人在餐桌布置时容易遇到的问题。如果你是对于配色无法把握的布置新手，可以善用季节感作为配色原则，不仅很符合时令，而且不容易出错。例如：春天的时候，以深深浅浅的绿色搭配粉嫩的花朵作为餐桌的主题颜色；夏天就以层次不同的蓝色餐具来表现，甚至可以搭配一些贝壳饰品来营造出清凉感；秋天时用小麦色系搭配棕色、褐色，能呈现温暖的氛围，到了冬天，变化性就可以很大，以抢眼的红黑色搭配，或是银色和深紫色的冷色调处理，用一些比较大胆、对比的色调表现出与众不同的感觉。

如果上述跟着季节设计餐桌配色的方法，还是让你觉得伤脑筋、嫌麻烦，建议大家，"大地色系"永远是最安全的选择，一年四季都可以采用，从最浅的米色到最深的咖啡色，用层次不同的大地色系，呈现出来的餐桌氛围最不容易出错又能创造较好的质感效果。

餐桌若是选用木头材质的大地色系，
基本上与任何一种颜色搭配都不容易
出错，配上绿色的叶子装饰，简单的
小巧思，可以让人眼睛为之一亮，是
很高明的布置方法。

餐桌与餐厅之间
的　　关　　系

风格定调的基本概念

　　有些朋友在挑选餐具时碰到这样的问题：家里的餐厅装潢风格是固定的，那就只能使用相同风格的餐具吗？针对这个问题，有一些小小的心得可以跟大家分享。曾经服务过的几位客人提出让自己的室内设计师来帮忙挑选餐具，认为这么做可以避免装潢风格和餐具不搭调的问题，但我想说，每个人都有专长的领域，室内设计师不见得就会挑选餐具。因为，餐具是居住者每天会使用的，而设计师则是简单根据空间装潢挑选餐具，唯有使用的人亲自挑选自己喜欢的款式，才能替餐具和生活注入更多情感！因为家的温暖及感情，只有自己知道，这是设计师无法体会的。

　　然而，在挑选餐具的时候，还是很有可能遇到"每一套餐具都很漂亮，每一套都很想要"的情况。通常客人在这样举棋不定的时候，我都请他们把家里餐厅空间及家具的照片给我看，并询问客人平常的烹饪习惯或宴客方式，再提供建议，帮他们在众多喜欢的款式里，挑选最合适的。

　　除此之外，我会建议大家，至少在家里准备两套餐具。这两套餐具，一套是平常居家时使用，风格比较简单朴素，另一套则是和家里的装潢风格较为协调的款式：以法式古典风格的居家装潢就可以挑选比较华丽、古典类型的餐瓷；若是家里的装潢风格较为现代感，就选择线条简洁、风格时尚摩登的餐瓷，这样原则下选出的餐具，用来宴客就基本不会出错，也能够突显自己的用餐美学。

现在常常可见一些混搭的概念，如果真的想要尝试混搭风格，古典装潢的空间里放上现代风格的餐瓷，这种做法可以精准地诠释混搭风的概念。但若是现代风格的装潢空间里放上绘有描金线条的古典风格的餐瓷，就像是年轻人穿着老气横秋的衣服一样，会十分不搭调，这是需要注意的搭配原则。

再者，很多人都喜欢骨瓷，这类的餐具多半都会在边缘镶金边，再加上风格浓郁的线条，是一种很有味道又有质感的独特餐具。骨瓷能突显主人的美学眼光，再加上又适合摆放在不同风格的餐厅里，的确是很适合投资的餐瓷。如果对于餐瓷的挑选没有头绪，不妨选择一些简单线条的骨瓷，就不容易出错，也能搭配各种气氛的餐厅空间。

餐桌如何挑选？

餐厅空间是凝聚家人情感的重要地方。如何挑选一张适合的餐桌，除了款式之外，形状和尺寸也要好好考虑，因为，餐桌在餐厅空间里的比例，会影响整个空间的视觉效果。

大多数的餐厅都会被设计成长方形，这样的长形空间适合摆放长桌，若是格局较方正的方形空间，就比较适合放圆桌。根据这样的基本概念，再从餐厅的面积来决定餐桌的尺寸。

以用餐的舒适度来说，一个人所需使用的空间大小大约是65 ~ 75厘米的宽度，也就是说，为了在用餐时不会觉得局促，每个人之间的距离不宜太窄，最少让每个人有70厘米的活动空间会比较舒适。所以，长150 ~ 160厘米的长方桌，就适合4 ~ 6个人用餐，而210厘米以上的长桌，就可以坐到8个人。此外，以圆桌而言，150厘米直径的圆桌，适合坐6个人，而165厘米直径的圆桌则可以坐到8个人。

餐厅的动线关系着餐椅的活动空间，让餐椅的活动空间保持在60～65厘米，是在构思餐厅空间时重要的原则。

决定了餐桌的尺寸之后，接下来考虑的是餐椅的活动空间，一般而言，餐椅的深度大约是45～55厘米，在入座和离开座位需要拉开椅子时，所需的活动空间约是60～65厘米，所以，椅子背后需要的通道空间宽度，就要保持在80～90厘米以上。

以这个方式推算下来，一张长180厘米×宽90厘米的标准长方形餐桌，所需最小的餐厅空间尺寸就是长460厘米×宽370厘米，最好可以在长490厘米×宽400厘米，也就是大约面积在5.14～5.9平方米的大小，才不会显得空间太过狭小。如果要选择圆形餐桌，以150厘米直径的标准圆桌而言，就需要至少430～460厘米的方形空间，换算下来大约是5.6～6.4平方米的大小。

再者，圆形餐桌除了适合放在方形空间里，如果餐厅空间宽度够，长形的空间也很适合配置圆形餐桌，把桌子摆放在长形空间的一端，多出来的空间可以摆放备餐台或是餐具柜，这样的配置也是很值得参考的方式。

Table Setting 24

24个日常餐桌布置·新生活提案

一个人的早餐

现代的单身男女愈来愈多，一个人吃早餐的机会也大幅增高。当一个人在家用餐时，你是随便买个早餐解决，还是会好好为自己布置一个舒适、美丽的用餐空间，让自己愉悦地享用一顿很棒的早餐？其实，即使是一杯咖啡加上一块面包，用对了餐具，一个人的早餐也可以非常享受！

File **1**
Breakfast | **简单生活**

咖啡加面包，很简单的早餐，但是如果用有质感的杯子盛装，加上奶盅、糖罐，用一个小托盘盛装，就很雅痞。使用托盘是一个很聪明的选择，让你不需要放太多的装饰，就能轻松营造出有质感的用餐气氛。

同一系列不同大小、花色的餐瓷，能为餐桌带来整体感，有着俏皮花朵形状的餐盘，能为一个人的早餐带来好心情。

一碗麦片、一杯咖啡，简单的早餐，用对了餐瓷，感觉就完全不一样。线条简单的白瓷餐具，特别适合崇尚极简的都会男士。

小家庭的晚餐 (以四口家庭为例)

四口之家是最常见的小家庭模式，这样的人口数餐点准备起来相对容易，餐桌布置的空间也很大。即使平常工作忙碌，只要用点小心思，为家人准备一顿晚餐，加上巧思的餐桌布置，就能变成凝聚家人的力量。

File 4
Little Family
香草植物

现在的餐瓷，有许多都是四人的套组，喜欢的花色一次买齐，包括主餐盘、前菜盘、饮料杯等，再运用一些布置单品，比如同色系的餐巾或是烛台，就可以让餐桌看起来就像餐厅里的一样。

植物花纹是不太容易过时的花色，只需搭配简单的绿色植物，效果就很好，能让效果平淡的餐桌，换上不同的气氛，变得生机勃勃。

同一套餐瓷，搭配不同颜色的餐巾、餐垫，就
能营造出不同的氛围，即使在家里吃晚餐，也
可以有不一样的就餐氛围。黄色缎面的餐巾，
让乡村居家风格的餐瓷，瞬间营造出比较正
式，可以用来宴客的餐桌风貌。

File **5**
Little Family | **乡村风格**

乡村风格的餐瓷，是很有温馨感的选择，加上格纹餐垫及同色系餐巾，
就能营造出令人愉悦的用餐空间。原木餐桌的质感本身就能传递出很温
暖的气氛，不需要桌巾，只用餐垫划分出个人的用餐空间，餐桌的层次
感就出现了。

华丽宫廷

如果家里的装潢是属于宫廷风的设计，在挑选餐瓷的时候，不妨选择简约风格的骨瓷，纯白缀上滚边图腾的餐具，能让避免餐桌的呈现过度单调，虽然极简，却很优雅。利用两条深色的桌巾，划分出个人的用餐空间，和餐瓷一起创造出完美的层次感。两座高度不同的水晶烛台和深灰色蜡烛则是餐桌上的焦点。

周末夜的宴客晚餐 (以六人聚会为例)

不用上班的周末，最适合狂欢、PARTY，吃腻了外面餐厅的大餐，把朋友邀请到家里做客，展现一下主人的生活品位，也是一种很好的社交方式。我们常常在国外影片中看到在家宴客的桥段，都会有一张很有情调的餐桌。很多人认为布置一张宴客餐桌很难，其实只要有成套的餐瓷，就很容易让餐桌显得有质感。

File **7**
Weekend Party | **蓝色秋天**

展示盘是一种很有意思的单品，大大的盘子好像没什么作用，但是有了它，就可以把用餐的餐盘变得更有质感，也可以防止菜肴直接掉到餐桌上。给杯子搭配一个相同色系的杯垫，也是让餐桌布置更有层次的技法。

请朋友到家里吃饭，不需要太复杂的布置，巧妙运用一整套的餐具，搭配桌旗、餐巾，点缀一些植物或是符合主题的饰品，简单但不失巧思。选择针织单品的颜色，不妨以餐瓷的颜色为依据，餐瓷上的蓝白呼应桌旗和餐巾的蓝白条纹，能创造出餐桌的整体性。

如果是分食形式的宴客，盛装菜肴的大盘，最好能和用餐的餐盘有一致性，这样能让你的餐桌看起来很有品位。

色彩艳丽的餐瓷，可以为餐桌增添许多欢乐感，选用这类餐瓷，不需要太多布置，就能让用餐的人心情飞扬。如果家里的餐厅是原木质感，试着用这种高亮度、缤纷的餐瓷，再搭配一些比较粗犷材质的餐具，就可以布置出一个看起来随性又很有生活感的餐桌。

File **9**
Weekend Party | **典雅丽致**

桌旗的运用方式相当多样，还可以和桌巾相互搭配，制造明确的视觉效果，这个案例运用浅色的桌旗配上深色的桌巾，不但可以区隔出个人的用餐空间，也能起到画龙点睛的效果。而餐巾上的金属餐巾环，则增加整个餐桌的隆重感，让客人感受到被重视的心意。

悠闲的下午茶约会

喝下午茶是现代人最奢侈，但最享受的时光，一杯茶或咖啡配上一些点心，就可以在慵懒中，让身心灵得到放松。如果可以精心选择一套下午茶的餐具，那么，在家、在办公室，都可以让单纯的下午茶变得更有情调。

File **10**
Afternoon Tea | **惬意时光**

下午茶给人的感觉是轻松、愉快的，是忙碌的生活中得以短暂放松的片刻时光。所以建议大家在挑选午茶餐具的时候，尽量以活泼、明快的色调为主，同色系的餐瓷互相搭配，就能创造出下午茶的主题。一般而言，午茶时不会刻意铺上桌巾，甚至可能只是随意地将餐具放入置物平台，这时，选用什么餐具就很重要，因为它们会变成视觉焦点。

运用正餐时的大分享盘来盛装点心，随意地将各种小点摆在一起，即使没有下午茶专用的三层式点心盘，也可以让午茶的餐桌变得有情调，并增加一种共享的欢乐气氛。

成套的茶杯和茶壶，再加上点心盘，就能很好地提升午茶餐桌的质感。运用椭圆形的餐盘当成蜡烛的底盘，巧妙又便利，还能让餐桌具有完整的一致性。

春之飨宴

如果你家幸福地拥有一座庭院，不妨将午茶餐桌搬到庭院吧！让温暖的阳光和清新的空气，陪你一起喝下午茶。明亮又缤纷的餐具，搭配上可爱造型的甜点，总是特别可口，随意摘取的鲜花插进玻璃瓶，再铺上彩色的餐垫，几个色彩斑斓的对象结合在一起，气氛明快，还意外地有和谐的美感。

File 12
Afternoon Tea

甜心女孩

三层点心盘是许多女孩的心头所好，也是每个人对下午茶的直觉印象，整个午茶餐桌只要有了这个梦幻单品，不太需要其他多余的物品就能布置出很有气氛的餐桌。玻璃制的点心盘和瓷器的个人餐具形成质感的区别，很容易成为餐桌上的焦点，是很值得投资的单品。这样的单品除了能在午茶时用来摆放点心之外，平常用餐的时候，如果想让餐桌的布置变得更有趣味性，也可以尝试用它来盛装分食的食物。

情人节的烛光晚餐

情人节时想要在餐厅有一次浪漫的烛光晚餐，需要提前订位，还不一定有位子，并且价格还可能比平时贵。其实与其到餐厅凑热闹，不妨多花点时间，在家里准备一些简单的餐点，自己设计一个餐桌布置，成就独一无二的烛光晚餐，让心爱的人惊喜一下。就算对自己的厨艺不够有信心，一个视觉效果极棒的餐桌布置，光看就能让爱人的心融化了。

情人节的烛光晚餐，需要营造优雅浪漫的情境，选择粉嫩的色调最为讨喜，桌上的花束不必一定是鲜红的玫瑰，选用小巧粉紫色的繁星花、搭配同色系的花瓶，采用高低落差的搭配就很有味道。另外，利用高低烛台制造层次感，再加上心形的粉色蜡烛做装饰，就能布置出很有情调的烛光晚餐餐桌。

本案例配合餐瓷上的蓝色和紫色，选择紫色作为主色调，运用深紫色的编织餐垫和浅色餐瓷营造对比，餐巾则为浅紫色，呼应主色调之余，也能形成丰富的层次感。

将浅紫色的餐巾折叠成整齐的长方形，再用同色系的缎带在中间打一个简单的蝴蝶结，再放入一株小繁星花，小小的巧思，不但能让餐桌浪漫指数迅速上升，也能让爱人感受备受宠爱的心意。

场地提供／集集设计 王镇、阮春华

浪漫之夜

对于喜欢优雅氛围的情人来说，金色系的餐瓷与大地色系的桌旗互相辉映，不需要鲜花烛光，只在餐桌中央散置一些金色系的装饰品，就可以呈现出低调的奢华，特别适合经过生活历练，对生活有崭新见解的熟男熟女们。

情人节也不一定要吃大餐，一起享用甜点也是增进彼此感情的方法。运用两块深浅对比的桌布，创造出餐桌上的趣味，香槟杯是绝对必要的单品，桌上摆着小点心和香槟，为浪漫的夜拉开序幕。

女孩们的生日派对

叽叽喳喳的女孩子们，聚在一起总是充满欢乐和笑声，可以和发小一起举行生日派对，是多么开心的事。这样的生日派对，一定要有很女生的粉嫩的色彩，加上缤纷的餐具，让整个风味变得青春洋溢，这是专属女生的小浪漫。派对变得青春洋溢，这是专属女生的小浪漫。

File **16**
Birthday Party

缤纷欢乐

不用担心过多的颜色和花纹会破坏餐桌的美感，只要在摆设的时候，让素色的单品和花色的单品互相错落，就会形成层次，制造出热闹又协调的氛围。视觉焦点不妨用一个亮色系的花器，随意地插上小菊花，就能成为餐桌上引人注目的视线焦点。

場地提供／集集設計 王鎮、阮春華

没有足够预算购入漂亮的蛋糕座也不
用担心，只要取一个碗倒置，放上
一个盘子，就能变成一个漂亮的蛋糕
座，再放上生日蛋糕，是不是超有气
氛又美观方便？

派对少不了气球，是也可选择用纸做
的纸球做装饰，让你的派对变得与众
不同，因为是和发小的聚会，不同色
彩的粉嫩桌旗，正好符合女生喜欢多
种变化的心情。

利用彩色的玻璃餐具搭配粉色系的瓷器餐具，材质的
混搭塑造出的层次，玻璃的透明感还有让人净化心情
的魔力。杯子蛋糕上的小旗子，可以透露出主人细腻
又可爱的小小心思。

场地提供 / 集集设计 王镇、阮春华

把餐桌搬到花园，真是一个好主意，即使花园里没有鲜花，将自己巧手制作的各色吊饰挂上树枝，就是简单又漂亮的派对装饰。至于派对食物就用大型的分享餐盘盛装，放上餐桌，随意的配置，也能营造出一个很开心的户外派对！

File **18**
Birthday Party

与你同乐

如果你的派对是在户外的草地，准备简单实用的白瓷餐具就足够了，随性地放在原木的平台上，就是很自然的餐桌风景。将派对食物放在分享的大餐盘上，想吃的人自己随意取用，是最无拘无束的派对气氛了吧！

感恩圣诞大餐

原本感恩节、圣诞节是属于西洋人的节日，随着西风东渐，再加上举办派对也需要理由，不知不觉地，这些西洋节日的气氛要比我们中国年浓厚了。如果邀请朋友到家里开圣诞感恩趴，除了圣诞树之外，还可以布置一个很有风情的圣诞餐桌！

红色的饰品加上绿色的圣诞树，是最能点出圣诞主题的布置装饰。用纯白色桌巾凸显红色的艳和绿色的翠，打造最传统的圣诞印象，很有欢乐气氛，这样的设计是绝对不会出错的圣诞餐桌首选。

谁说一定要在桌上摆一大盘花装饰？用几个
同色系的小杯子，插上红色的花朵，搭配白
色的矮型烛台和红色小蜡烛，并以红色缎带
串联，就能形成很有巧思的餐桌视觉焦点。

如果预算允许，花一笔钱购置有圣诞或节庆风格的餐瓷，搭
配酒红色的餐垫和餐巾，即使没有圣诞树，也很有过节气氛。

摩登节庆

别以为红配绿才是圣诞节的主色，运用不同的色调营造圣诞气氛更能显示主人的高超品位。选择一套优雅有质感的灰色系餐瓷，利用桌旗和餐瓷做出四层的层次感，加上同色系的优雅餐巾和餐巾环，餐桌中央摆几个松果，瞧，这样的圣诞节多么高雅，多么与众不同！

红白乡村

如果家里的装潢布置走的是乡村风，那么，除了圣诞树之外，桌上的布置就不需要太复杂，选择红色和灰色的餐盘相互搭配，再加上一些缎带装饰错落布置在餐桌的中央，即使没有桌花，一样可以呈现浓厚的过节气氛。

过年，就是要一家人一起享受美好的年夜饭，传统上，中国家庭过节较少留意到餐桌布置，认为只要大鱼大肉摆一桌，就很有年味，可是这样没有章法的乱摆，加上不同花色的餐盘，会使餐桌毫无美感可言。中国人喜欢的喜庆气氛在餐桌上非常容易展现，利用最有年味儿的大红桌布，再加上一些小饰品，你家的年夜饭，就会更温馨欢乐又有质感。

Fle 22
New Year Party
鸿运当头

谁说过年一定要围着圆桌吃饭？现在许多家庭都用长桌代替占空间的圆桌，只要一张漂亮的红色桌布，再铺上有中国味的缎面红色桌旗，在不同材质和色调的红之间，创造出层次感，是非常高明的餐桌布置手法，再加上红色的花饰，年味儿就出来了！

场地提供／JusHouse

红色的桌布非常抢眼，搭配的餐瓷如果能够选择镶金边或描绘烫金花样的，就能和绣上金色纹饰的红色桌旗相互辉映。

满桌子红色只需再搭配流苏中国结餐巾环的鹅黄色餐巾，就会显得很有质感，是很中国传统味道的装饰手法。

场地提供 / JusHouse

虽然中国人认为红色才喜庆，但是，新时代的人们也可以选择一点红色都不要的过年，利用同色系的餐巾与餐瓷相互搭配，就可以创造出完全另类的年味餐桌。运用各种不同尺寸的器物当成花器插上单枝鲜花，排列在餐桌中央，能让餐桌气氛热闹起来。

Fle **24**
New Year Party

金色年华

金色也是很有节庆气息的颜色，对中国人而言，还有财运的象征。因此年夜饭餐桌，不妨以讨喜而高贵的烫金餐具作为主角，搭配同色系的桌旗和餐巾，象征金玉满堂，讨个好彩头儿。几个小型的花座作为餐桌的点缀让餐桌更有变化。

4

走进欧洲人的家

法国朋友Florence和Philippe夫妇的餐桌

法国人的用餐方式

　　法国菜的美味举世闻名，但实际上大多数法国人的饮食习惯，并不像国人外食人口比例这么高，所以虽然米其林和其他的大大小小餐馆那么多，但是法国人的日常生活中，上馆子并不是很常态性的活动，主要原因不外乎是"高物价"，上馆子要花费的金额不少，一家人上餐厅吃饭可能是好几天在家吃饭的费用，另一个原因就是"交通不便"，对于多半住在郊区的法国人来说，往返餐馆和家里所需要的时间耗时甚久，所以，往往除非必要，很少上馆子，即使在需要庆祝的日子或特别的约会，仍然会选择在家宴客。

　　因为经常到法国旅游、出差，因缘际会之下，认识了不少法国朋友，在与这些法国朋友接触的过程中，我发现法国人总是特别热情，很愿意和人分享他们的日常生活。Florence（佛罗伦萨）和Philippe（菲利浦）夫妇很可爱，每次见面一定热切地牵起我的手说："我们的家永远为你保留一个房间，欢迎随时来喔！"这让我切实感受到法国人那份诚恳的情感，还有那种邀请朋友加入自己的日常生活的心意。因此，每当我有机会到法国时，就会盛情难却地享受到惬意的法式生活形态。因为我的到访，Philippe一家在准备餐点的时候，总会比平常更丰盛，甚至准备一些我爱吃的食物，然后把他们家最珍贵的餐具摆出来，让我感觉是很被重视得客人。然后会在这些生活的、用餐的小细节和心意上，不知不觉融入他们的生活方式，更能感受到，法国人对于用餐这件事的重视，在餐桌布置上面表露无遗，或者说是一种对生活质感的坚持。

对法国人来说，晚餐是一天之中最重要的一餐，是和家人分享一天见闻的时光，也是可以好好放轻、犒赏自己辛劳一天的片刻，所以特别重视。不管是使用的餐具，还是餐具里的餐点，或多或少都会有一些精巧的设计和安排。

法国人特别重视晚餐，认为这是一家人可以分享生活和凝聚感情的时光，从他们如此重视餐桌上的布置即可见得。

　　至于法国人的早餐，多半是在厨房的中岛区或是厨房边的小餐桌食用，一般不会坐到餐厅的正式餐桌旁；再加上他们早餐吃得很简单，多半就是一杯咖啡加上一个可颂或是其他的面包，所以需要准备的餐具基本就是很简单的马克杯加上一个面包碟，多半只要用最普通的白瓷餐具就足够，面包用手抓着吃，连汤匙刀叉都不必另外准备，反而能呈现出法国人特有的随性和浪漫。

小朋友通常会在厨房的小桌先吃早餐，这是法国人很独特的用餐方式。

　　法国人的午餐，比起早餐更简便，上班族多半只是一份三明治就解决，如果在家用午餐，使用的基本上只是一个前菜盘，或是用汤盘盛装一份意大利面、炖饭之类的简单烹调而成的食物。

　　但晚餐就不一样了，晚餐是一家人凝聚感情、享受家庭生活的重要时光，所以法国人家里多半都会有一个专门用餐的空间，里头会有一张长桌，在用餐时，会很习惯性地布置一个不是很复杂，但是充满温馨感觉的餐桌。餐桌布置的理念，已经融入法国人对于日常生活的期待和想象，是不需要经过太多思考，就能呈现出来的生活形态。

　　法国人的用餐方式和国人的用餐方式有很大的差异，法国人即使在家用餐也多半用"位上"的方式上菜，就是每个人有一份属于自己的餐点，一道一道有顺序地食用，就像现在我们上西餐厅吃饭的方式。不像国人把一盘盘菜一次全部放在桌上，用餐时间不会很长，法国人的晚餐在餐桌上的时间更长，有时候一餐饭吃下来，四、五个小时是常有的事，因此，在这个漫长的用餐时间里，保证触目所及的都是美好的事物，大概是他们为何如此重视餐桌布置的原因吧！

　　至于法国人使用的餐具，除了个人使用的基本餐具和餐盘之外，偶尔也会有一些分食的餐点，比如拌好的一大盆色拉，或是一大块牛排，这个时候，色拉盆可能由主人到桌前为客人分别盛取到各自的餐盘里，或是以传递的方式，由各人决定要取用多少量，取好后再传给下一个人。因此，除了一人一套的餐具之外，还要另外准备大色拉盆或大型主菜盘。

男主人

法国人怎么布置餐桌

Philippe一家人对于生活细节的重视，每每让我感叹法国人的美学素养，这样的素养和生活紧密联结，而且不着痕迹地自然流露。每次到他们家作客吃晚餐，从一开始的准备工作我就投入参与，他们做起事来如行云流水一般，女主人在厨房准备食物，不慌不忙，男主人则在餐厅从容地铺桌巾、摆餐具，还会随兴地哼上几句法文歌曲，在欢声笑语之间，一个很有氛围又有法式风情的餐桌就悄悄地布置好了。

并且，从他们布置餐桌的过程中，我发现他们不会很刻意地因为某一次餐会特别采购餐具，只是把平日柜子里的餐具、桌巾、餐垫、烛台等单品拿出来摆上，稍微留意一下每个单品之间的协调性，就形成一个有模有样的餐桌。不过，能够这么轻松地布置出和谐又漂亮的餐桌，也是因为他们在采买餐桌单品的时候，已经经过一番深思熟虑，包括和餐桌椅的搭配，甚至和餐厅空间协调，或是单品和其他对象是否可以多次搭配等都有考虑。

我曾经跟这些法国朋友聊到他们怎么看待餐桌布置，甚至请求他们教我几招，他们听了我的请求总是哈哈大笑，因为对他们而言，餐桌布置真的是一件再日常不过的事情，如果要特别提出什么布置高见还是需要思考一下。从他们提出来的建议里，有一点我认为很值得跟大家分享，他们在家里都会准备的二套餐瓷，一套是平常晚餐时使用，所以就会挑选比较平价、实用的款式；而另外一套是在宴请重要客人时才会拿出来使用，一般是具有纪念意义的餐瓷，可能是夫妻结婚时朋友送的高级骨瓷，也可能是传了好几代的古董餐具，光是使用这些瓷器时，都有很多话题可以跟客人聊天，是一种很法式的家常对话风景。由此可见，法国人在思考餐桌布置这件事情，总是从生活经验中出发，唯有让餐桌布置融入更多的生活故事，才能诠释出一个满含温暖又赏心悦目的餐桌。

拿出最珍贵的餐瓷来招待客人，是法国人表示尊重的方式。餐桌上的盆花，是男主人极具巧心的画龙点睛，让我见识到法国人对于美学之于生活的那种浑然天成。

女主人

我到访的那一天，这对法国朋友则把他们的结婚纪念餐瓷拿出来，以显示款待我的诚意。

首先，他们的晚餐多半都会选择使用桌巾或桌旗来表示正式隆重感，让客人感受到被款待的心意，据我所知，他们都会在家里准备好几条桌巾或桌旗，不同颜色的，视当日宴会的主题做搭配，这一天，他们挑选的是红色的桌旗，用两条桌旗规划出每个人的用餐空间，也让餐桌和桌旗的颜色创造出层次感。有些时候，也会挑选适合的餐垫来搭配，再摆上餐盘，这一天则是让桌旗取代餐垫，直接摆上餐盘就有三个颜色的层次了。最后，餐巾或是餐巾纸一定是必需的，好让客人方便擦拭口手，这是法国人在小细节上的讲究。这一天的晚餐，Philippe准备的是桃色的餐巾，和桌旗的颜色也创造出一个色彩上的层次。

法国的银制餐具工艺，从这件精巧的点心碗作品即可得见。这是我在法国旅游时的战利品，至今仍视为珍宝，连我的法国朋友都盛赞它的奇美。

再者，谈到餐具，即使是在家用餐，法国人也坚持一个人要有一套个人餐具，因为用餐习惯的不同，我们个人使用的餐具通常就是一双筷子、一个汤匙、一个饭碗和一个骨盘；但是，在法国人家里的餐桌，每个人都有自己的面包盘、前菜盘、汤盘、主菜盘和甜点盘，当然连刀叉都会有不同的搭配，并不会因为是在自家用餐就因陋就简，而摆放的顺序也会随着上菜的次序——摆上桌，让每一道菜的味道不会混淆，这个餐具的使用方式，不会使每一道菜的味道相互影响，这是和我们的用餐习惯很不一样的饮食文化。不过，因为是在自家用餐，所以备餐道数并不会每一餐都像在餐厅吃饭时那么多道，最主要还是从前菜或色拉开始，汤品则不一定会有，接下来就是主菜、甜点，约莫是四道式的上餐方式，而准备的餐具也会以这些菜为基准。

到访的这一天，Florence还特别拿出珍藏的银器杯垫，用来表示对我的热情欢迎。

每一道菜都是女主人的
精心杰作，也都蕴含着
对客人的细腻心思。

　　除了一套好的餐瓷之外，法国人一定会准备一个漂亮的烛台
作为餐桌的重要装饰。这一天Florence准备的是两个单座的银制
烛台，分别摆放在两条桌旗的中央，烛台上放的是白色的蜡烛，
和餐盘的颜色相互辉映。

　　一套精致的银器，往往是法国人在宴客时才会拿出来的压箱
宝，平常使用的多半是耐用的不锈钢餐具，到了重要时刻，他们
会觉得银器才能彰显正式用餐的气氛，再加上一组银制烛台与蜡
烛，以及水晶玻璃制的酒杯、水杯，就可以很轻松地营造出正式
的用餐情境了。

　　至于桌花，他们热爱使用鲜花，但是却不会刻意去买一盆插
得美美有造型的插花，如果家里有小花园，他们可能就在花园里
随兴地摘一些花朵，写意自在地插在玻璃瓶里，看起来很有生活
感。我记得到访的那天，我们在餐桌布置的最后阶段，男主人才
发现餐桌上少了鲜花，于是突发奇想就把家里的盆栽拿来放在桌
上，很开心地说："瞧！我们现在有鲜花了！"

　　这样随兴自然地餐桌布置方式，让人感受到：这就是生活，
而且是完全不做作的美学素养。

Florence 和 Philippe 的结婚纪念餐瓷

　　Florence 和 Philippe 的结婚纪念餐瓷，是一组有着马戏团花纹的餐具，这是他们结婚时亲自去百货公司挑选的。当然，即使在法国这样餐瓷使用普遍的国家，一套高级的餐瓷买下来，也要一笔不小的开销，因此，餐具公司提供了一个很棒很贴心的服务：结婚的新人可以选好一套自己喜欢的餐具，然后告知亲友们可以到什么地方去认购自己负担得起的品项，集亲友的力量一起帮新人购买一组有质感的餐瓷，作为日后宴客使用，一来减轻新人的经济压力，二来也让这套餐具凝聚所有亲友的祝福，日后使用起来，会特别地有感情，更加珍惜。

法国人的用餐禁忌

　　和法国人一起用晚餐，虽然不像到高级餐馆那么讲究，但还是要注意基本的礼仪，比如，擦嘴时一定要用餐巾，在用餐期间，餐巾是放在大腿上的，而不要挂在胸前或是压在桌；另外，就是在餐桌上绝对不能打嗝，这会被认为是很不礼貌的行；如果吃太饱想要打嗝，要到厕所去回避，不然会被认为不尊重主人和其他客人。

不管是到法国的餐厅用餐还是到法国人家里作客，通常会花上好几个小时的时间，这和法国人的用餐方式有很大的关系。每次到法国人家里用餐之前，大家会先坐在客厅里喝点香槟，吃点小点心，随兴地聊聊天，为晚宴的开始热络一下气氛，然后再准备上餐桌，这样晚餐前的暖场小派对，也是很法式的生活方式。

女主人 Florence 很喜欢做菜，对于菜肴的研究下了很大的工夫，她会准备一本笔记本，把客人每次到家里用餐时的菜单记录下来，下一次款待同一名客人时，就不会让客人吃到相同的菜单，这份心意让我这个远道而来的异乡人倍感温暖。

这套马戏团主题的餐瓷,正是
Florence和Philippe的结婚纪念餐瓷。

英国朋友 Ada 的餐桌

英国人怎么布置餐桌

基本上，英国人的生活形态分成城市和乡村二种完全不同的风格，所以，到这两种不同环境的英国人家里作客，就会有截然不同的感觉。住在都市里的英国人，基本上还是比较保守而讲究格调的，所以他们的生活方式就会比较端庄正统，在生活的小细节上较拘谨而讲究；而另一派就是住在乡村的英国人，生活方式是比较轻松随性的自然风。

我去过不同的英国朋友家里作客，感受到的生活方式就截然不同，不过，在用餐这件事情上，如同很多人都知道，英国人的饮食并不像法国人那么讲究，他们多半都遵守"三明治文化"，特别是午餐，一份简单的三明治就可以解决；而传统的英式晚餐，就是大家熟知的炸鱼薯条、洋芋酥盒、牧羊人派等简单的食物，所以正统英国式的用餐方式就不像法国那么复杂和讲究，甚至常常会在英国人的餐桌上看到一些外来的食物，或是很家常的、很简单的食物。

英国人对于晚餐也没有法国人的慎重，但是"下午茶"，对于英国人来说，可就非同小可了，如果你有机会和英国人聊起喝茶这件事，他们大抵都可以滔滔不绝，由此可见英国人对于午茶的重视。

我的一个英国朋友Ada（艾达）住在伯明翰，他们那里的习惯是，到朋友家里作客一定要带一份小礼物，多半是手作甜点之类的小点心，可以和主人一起分食，作为下午茶的点心。

在享用下午茶的同时，聊天的主题可能就是晚餐的菜色怎么烹调，比如他们很喜欢在家里准备那种大块的烤牛肉Roast Beef，吃的时候搭配像是酥盒般的约克夏布丁，淋上烤牛肉的肉汁，搭配洋芋泥，这就是他们的主食；用餐的餐具也不像法国人那么讲究，而是比较轻松休闲的风格；相较之下，下午茶时通常会选用骨瓷餐具，就显得十分注重细节了。

英国人的下午茶，形成了显露民族性的饮食文化，喝茶时搭配的食物真的是琳琅满目。从喝下午茶的小道具也可以看出他们很重视喝茶的文化。

英国人对于下午茶的讲究是举世公认的，他们对下午茶的重视程度，可以从他们准备的下午茶餐具看得出来。接下来，就分享一些到英国朋友家里喝下午茶的经验。

英国人的下午茶文化，不论正统与否，都是他们生活的一部分，即便在户外野餐，也能喝上悠闲的午茶。

英国人怎么布置下午茶餐桌?

如果居住环境允许，英国人喜欢在玻璃屋里喝下午茶，所以我的很多英国朋友家里都会特别腾出一个空间，以"引进自然光"的概念来设计空间，尤其是在乡村地区，玻璃屋外就是花园或田野，可以尽览花草树木、阳光白云，在这样的环境里喝下午茶，真的特别享受。

也因为这样得天独厚的地理环境，英国人喝下午茶时的餐桌布置，并不会有太多多余的装饰，甚至省去桌花的配置，因为玻璃屋外可能就是一片田野花园，根本不需要鲜花来营造自然气息了。

英国人喝下午茶一般不刻意铺上桌巾，如果使用桌巾，也会选择比较朴素的布面，避免繁复花纹的桌布让琳琅满目的下午茶道具显得更凌乱。因为喝茶时使用的小道具太多，再加上英国式的下午茶具设计较为繁复，如果再放上桌花、烛台之类的装饰就会显得凌乱而复杂，因此英式下午茶餐桌上最重要的焦点通常就是大家熟知和必备的三层点心盘。

然而，即使摆满一桌子喝茶道具，还是可以看出餐桌布置的层次感，由最中间最高的三层点心盘开始，接下来是茶壶、茶杯、滤茶器、最后才是个人使用的点心盘，层层摆下来，有一种井然有序的美感。

当然，这只是最基本的下午茶道具，讲究一点的家庭，还会为茶壶准备防烫握柄以及保温套，为果酱准备银制点心匙，以及点心的点心夹等琳琅满目的小道具。

关于下午茶餐具

如果你留意过市面上的英式三层点心盘，会发现英国人对于这种餐具十分讲究，从盘面的花纹到盘架的雕琢都很细心，盘子的材质当然是选择英国人最爱的骨瓷，而且大多会有金边纹饰设计，以显示出整体的质感。这三层盘子，通常最上层是放巧克力、迷你水果塔之类的小甜点，有时候也会放时令水果；中层则是英国人最喜欢的司康、酱、奶油抹酱；最下层则是三明治或是咸派等咸口味为主的点心。

喝下午茶，茶品当然是一大重点。英国人对茶壶的挑选很讲究，因为茶壶好不好，会影响泡出来的茶品的口感，英式的茶壶是那种肚子大大的中广型茶壶，好让茶叶有足够的伸展空间，瘦高型的壶则是用来盛装咖啡用的。茶壶和茶杯的材质，当然也是英国人引以为自豪的骨瓷，茶壶、茶杯和点心架多半会配成一整套，除非人数多一点，才会两套以上互相搭配使用，整个餐桌使用同一款式、花色茶具，有助于提升餐桌的整体感。

这种用杯子和餐盘层叠出来的点心架，是餐桌上别具巧思的设计，不仅美观，还很有气氛。

　　英国人的冲茶习惯是直接将茶叶放进茶壶里再冲进热水，不会把茶叶包在滤布或滤纸包里。为了不喝到茶渣（英式茶叶多半都是碎茶），就必需另外准备滤茶器，有了滤茶器，当然就要再准备一个放置滤茶器的容器，让滤茶器适得其所，才能优雅地喝茶。另外，就是糖盅和牛奶盅，同一组茶具里也会搭配同样花色的糖、奶盅，但讲究一些的英国人，还是更为喜欢银器来放置方糖和热牛奶。讲究传统的英国人是不会使用糖包和奶油球的，即使它们使用起来更方便，也不容易在他们的午茶餐桌上出现。

　　英国人的家里，一般至少会拥有三四组茶具，同时有多人一起喝下午茶时，就会使用两组以上的茶具，保证每个人都可以在同时间喝到茶。使用的餐具除了茶杯组之外，还有点心盘和点心叉，其实光是前文提到的所有道具，就足以把整个桌子摆得满满的，所以，到英国朋友家里喝下午茶，如果不够熟悉，还真的会有一种手忙脚乱的感觉呢！

茶杯的杯口较广，便于观察茶色。

茶杯与咖啡杯

在选购下午茶用的杯具时，是不是被琳琅满目的杯款弄得眼花缭乱？其实，看起来都是一个杯子加一个底盘的杯具组，有的是茶杯，有的却是咖啡杯喔！

要怎么区分两者呢？一般来说，茶杯的杯口比较宽，杯身也比较浅，这是为了要让人在喝茶时可以观察茶色，而咖啡杯的杯口会比较窄，高度也较高，可以把咖啡的香气聚集在一起。

咖啡杯的杯口较窄，容易聚集咖啡的香气。

英式餐瓷上的家徽

一直到现在，英国仍然是由皇室统治的国家，所以他们的阶级观念相当明显，特别是英国的上流社会，对于生活细节的讲究更是让一般人难以想象。属于英国上层社会的家族会有一个属于自己的家徽，它是一个必须经过皇室认证的图腾。在使用的餐瓷，往往也会请餐具公司特别把这枚家徽烙印上去，以彰显家族身份，使用这样的餐具，会有一种优越感。

某次旅行意外巧遇制作家徽的技师，我欣喜若狂，亲自参与设计，
等候大半年，这件家徽才漂洋过海来到我们家中，至今我仍爱不释手。

德国朋友的啤酒杯

　　众所周知，德国人很爱喝啤酒，每年慕尼黑都会举办盛大的啤
酒节，但大多数人都不知道，德国人除了擅长酿造好喝的啤酒，对
啤酒杯的设计也很有讲究。在德国，虽然大多数的啤酒餐厅，都开
始使用玻璃制啤酒杯，但在一些老式的啤酒屋里，还在延续使用有
着独特设计的传统的德国啤酒杯。这种传统的啤酒杯，通常是瓷制
的，上面还绘画许多美丽的图样，有的还会加上金属边饰，让人爱
不释手。这种杯子对德国人来说，也是一种喝啤酒的美学。

　　以前，我也很少注意德国人有这种传统瓷制的啤酒杯，直到某
一年我到德国 Villeroy&Boch 总部开会，会后大家聚餐时，我请求
亚洲区的营销主管带我去一家德国传统风格的啤酒屋。我想要借由
餐具和美食的搭配，好好感受一下德国人的啤酒文化。这种啤酒餐
厅在巴伐利亚地区很多，都位于感觉有点乡村的地区。对德国人来
说，调酒和啤酒就是吃晚餐前饮用的酒款，喝的时候会搭配香肠、
猪脚，比较起来，这样的啤酒餐厅不是正式的用餐场合。

他们带我去的这家啤酒屋是两层楼的木造建筑，就是德国农村那种粗犷大气的木屋，有着原根木头的质感，看起来就是一家很传统、很有历史的啤酒屋。

我们抵达餐厅的时候是中午，这里提供很地道传统的德国菜，比如超大的德国猪脚、各式各样的肉肠等，但做法都很简单，不是烤就是水煮，盛放在原木的大盘子里上桌，吃的时候搭配酸菜。不过德国人的酸菜非常地咸，和台湾的不太一样，我觉得这道菜要配芥末籽酱才对味。

在这个豪迈的啤酒屋里就有许多那种用瓷器和铜搭配做成的啤酒杯，看起来就像是基督教的"圣杯"，也有着像是圣杯那种庆祝的意涵在里头。

这样的瓷制啤酒杯相当的惊艳，后来才知道，Villeroy&Boch也曾经生产这样的啤酒杯。过去，德国人会买这种啤酒杯回家，在特别的日子才拿出来用来庆祝节日之用；后来因为这种杯子所费不贷，所以几乎都被拿来当作摆饰，很少使用。

陶瓷啤酒壶（杯）

公元1885年到1905年，在德国巴伐利亚的梅拉赫特地区，盛行生产粗陶啤酒杯，因为制作工艺特殊，1969年还曾有一本杂志，专门介绍这种独特的啤酒容器。现在这种粗陶啤酒杯改名为"Prosit"，德文是"恭喜"之意，而在拉丁语里，则是举杯祝贺的意思，足见这种啤酒杯，是拿来欢庆祝贺之用。

当年，这种有盖子的大啤酒杯相当受欢迎，工厂也不断生产新的造型，有以神话故事为主题，有动植物造型，还有诗词、城堡、航海、扑克牌、脆饼等不同的图腾设计。刚开始以哥特风及文艺复兴时期的历史图样最受欢迎，到后期则是新艺术青年风的盛行。在梅拉赫特地区最初只有啤酒杯工厂，到了后来，因为太受欢迎，连制造杯盖（锡、铅、铜等合金做的白镴器）的工匠也开始在附近开业，可见这种杯子受欢迎的程度。

这种啤酒杯有不同的容量和尺寸，大的可装4～5升的啤酒。喜欢使用这种啤酒杯的人也涵盖了各种职业，比如马术师、面包师、裁缝等，各行各业都有，这可以从现在留存下来的杯子的造型设计看出来。

可惜的是，后来新的商品开始出现，这种啤酒杯在1911年之后就渐渐停产，市面上留存的多半都是当年留下来的老东西，多半被转成收藏品了。

5

中式餐桌

从自己的家开始，学会餐桌布置

因为工作关系，有机会拜访一些顾客的家，我总会好奇他们的餐橱柜子里有些什么样的餐具，经过这些年的观察，我发现很多台湾家庭对于选购餐瓷这件事，并不是很讲究，常常一个橱柜里，各式花样合风格的杯盘碗盆都有。到台湾人的家庭里作客用餐，餐桌上也甚少会准备成套的餐瓷，当菜满满摆了一桌子，就会看到各式各样不太协调的盘子，盛装菜肴之后，虽然看起来很丰盛热闹，却缺少整体的美感和协调性，显得有点凌乱，如果再加上花色复杂的桌布，甚至各人用各式各样不同颜色的碗筷，看起来就更"琳琅满目"了。

因此，在这一章，要跟大家分享：只要花一点小心思，就可以让自己家里的餐桌焕然一新，创造出高档餐厅用餐的质感。所谓的小心思，是从挑选合适的餐瓷开始，选对了餐瓷能让原本看起来不怎么起眼的菜肴瞬间美味不少！"佛要金装，人要衣装"，其实，好吃的食物，也需要选对餐盘来盛装，才能更突显食物的色相。

认识自己的家是餐桌布置很重要的基本前提，比如我家的餐厅是属于比较欧风的装潢设计，因此我在挑选餐具餐瓷的时候，就会避免比较中式的设计。

共享餐具

27厘米餐盘×2：用来盛装尺寸较大的餐点，比如整只白斩鸡、排骨等菜品。

21厘米的色拉碟（或有深度的碟子）：适合勾芡有汤汁的菜，比如滑蛋虾仁、炒三鲜等菜色。

点心盘×2：用来盛装凉拌类及小炒类的干爽菜色。

深度较深的色拉碗：盛放狮子头、红烧肉等菜色。

28厘米椭圆盘：用来装鱼等长型食材的菜色。

个人使用的餐具

包括饭碗（碗较小或没有耳朵）、汤碗（碗较大或有耳）、骨碟（用来盛装菜肴残渣）、汤匙（中式汤匙多半为瓷制，但若家里常有西式宴席，不妨考虑较实用的不锈钢汤匙，在中餐西吃时也可以使用得到）、筷子、筷架。

如果预算允许，以上餐具搭配一整套会比较好，在餐桌布置上比较会有整体性，也是比较方便的餐桌布置原则。

哪些单品餐具是必备的？

根据国人的用餐习惯，挑选餐具多半是以家常菜或是中式菜肴为主要考虑，中式菜肴免不了一些汤汤水水或是勾芡等汤汁较多的菜色。所以，在选购餐具的时候，要将自己家里习惯准备的菜色，作为挑选餐具的原则。

一般来说，中国家庭必备的单品餐具清单大约如下，供大家参考。

成套的餐具打破了，如何搭配应变

当我们下定决心为餐桌换个新风貌，买下成套的餐瓷餐具，使用起来真的很赏心悦目，可是生活中总会有一些预料之外的"惊喜"，如果不小心把其中一两件餐具打破了，该怎么办呢？如果选择一些知名大厂的品牌餐瓷，同一个系列的经典花色通常都是长销性商品，可以买一件同系列的单品补充就好。

但是，万一停产断货，补不到同系列单品，该怎么办呢？我建议找同一个色调的其他系列餐瓷来做混搭，或是干脆买市面上最容易购买、也最百搭的白瓷来搭配，比较不会显得突兀。不过，即使是白瓷，也最好挑选线条简洁一点的，或是线条风格和自家餐具较一致的，才不会破坏餐桌上的和谐感。

此外，我还有一个小方法分享，当你补买破掉的餐具，但无法买到相同系列单品的时候，可以根据"破掉几个就补几个加1形成偶数"的原则，也就是说，如果破掉1个盘就买2个相似风格的盘子，破掉1个碗就买2个碗，以此类推。

这样做是为了避免让餐具"落单"，一个不同花色、颜色的餐具放在一整组餐具里头，就会变得特别显眼突兀，但如果你一次补买两个，就会让人家觉得你使用的是二组餐具，和原本那组餐具对应起来，就不会有孤零零的感觉，甚至是一种新的搭配美学。比如破掉的是1个主菜盘，在补买餐具时，就挑选2个颜色、风格相近的主菜盘来搭配，在上桌时，就会有2个一样的盘子，整体感觉仍然可以维持协调。

如果是咖啡、茶杯组，或是搭配小碟的汤碗组，万一破掉其中一个盘子或是杯子，在找寻替换单品时，要么就是把杯子全换掉，要么就把底盘全换掉，或者就以"补买偶数"的原则交错着搭配，就不会让餐桌产生突兀感。

怎么布置中式餐桌？

中式的餐桌布置，其实在呈现上要比西式餐桌简单许多，除了各人使用的碗盘比较简单之外，餐具也只有一双筷子、一支汤匙，视状况搭配茶杯或酒杯。最主要的是盛装菜品的盘子，因为多半会一次上好几道菜，所以在差不多时间上菜时使用的餐盘、碗碟，最好要有统一性，才能显出餐桌的整体感。

如果对于西式餐瓷盛装中菜还存有疑虑，比较喜欢传统的中式风格，在挑选餐具时，就可以选择中国风味浓厚的花色，像是竹子花纹、青花瓷、红色牡丹等有中国情调的图案印花。而桌布以鹅黄色最不容易出错，或是以中式提花的桌布来突显东方风情。在特别节日时，当然首选中国人最喜欢的正红色桌布，一铺上桌，用餐气氛马上就变得喜庆味十足。

另外，我很推荐大家使用个人餐垫，尤其如果你家的桌子材质、纹路已经很有风味（例如大理石、柚木等漂亮桌子），就可以不用铺桌布，而是使用中国风或是花鸟图案的餐垫来装饰桌面。餐垫不仅可以突显餐具质感，也可以成为妆点餐桌主题的重要角色，不过要特别注意的是，餐垫的颜色和碗盘颜色上最好以深配浅，才不会让餐具放上去之后黯淡失色。

随着喜欢"中餐西吃"的人慢慢变多，也可以考虑在家里采用西餐式的盛装菜肴的方式。在厨房先把菜色依照客人人数分好，放在各自使用的盘子里上桌，可以避免公筷公匙的麻烦（因为常会有人忘记要用公筷的尴尬状况），也可以让吃中国菜变得更优雅，增加用餐的趣味性。

中餐西吃的方式，筷子和汤匙等餐具不需要像西餐每上一道菜就换一副，主要是上菜时的菜盘要多准备几个。像是凉菜、汤品、蔬菜等可以位上的菜色，建议可以在每个人面前先放上一个30厘米的底盘，上菜时可以用小一点，大约21厘米的前菜盘盛装菜色，一份一分地放在底盘上，看起来既美观，也显得大气。等到要上比较重点的主菜，像是东坡肉、狮子头等大菜时，再用27厘米的大餐盘，来区分菜色的主从关系。

汤品部分，可以在厨房先一碗一碗分装好，再一位一位上，也可以准备一个大汤盅，上桌后再盛装到每个人碗里，汤水类的甜品也可以依这个方式处理。在汤碗的选择上，中式餐点的汤碗最好能选择有耳朵的单品，因为这种有耳朵的汤碗一定会和一个底盘配成一组，在盛装中式热汤时（中国人喜欢汤品要很烫口），可以预防热汤滴到桌上，也有避免热汤碗烫手的作用。但是有耳朵的汤碗价格多半都比较高，如果在预算有限的状况下，可以用无耳汤碗搭配点心盘，也有同样效果。

场地提供／集集设计　王镇、阮春华

如何用现有的餐具搭配出新风格？

一套质量好的餐瓷买下来确实是不小的开销，如果对于餐桌布置还不是很有概念或是受到预算的限制，想先从家里已有的餐具尝试布置餐桌，也是可行的做法，说不定在你尝试摸索的过程中，会有更多不同的发现，对餐桌布置产生不同的新见解。那么该如何下手？这里有一些小技巧可以跟大家分享。首先，你可以先把家里所有的餐具拿出来，并做一个粗略的分类，最快的方式就是以"色彩"为标准，替所有餐具归类，划分出每一个色系有哪些餐具可以使用。

大多数台湾人的家庭里，盘子都以白色、蓝色或红色为主，即使是花色盘子，花纹也比较保守，这时候的分类方式，就依花纹的颜色来归类，归好类之后，在同一次上菜时要选择同一类的餐盘，因为色调统一，餐桌的视觉效果就会协调。

把餐具颜色做好归类之后，就要开始检视家里的餐巾、餐垫、桌布等布饰品，在布置餐桌时可以利用布制品来为餐桌创造一个主题。一般说来，桌布的选择最好以素雅的颜色为主，搭配的餐具以"同一色系但是深浅不同"的规则来做挑选，以中国人的用餐习惯而言，餐垫可有可无，但是如果能添购一些，也可以让餐瓷的视觉效果更突出，增加餐桌上的变化性和美感。

接下来，可以利用一些小东西来诠释餐具的风格。比如筷架、汤匙架、公共的筷子和筷架、花瓶等，以同一色系、但色阶不同的小物搭配现有的餐具，是一个省钱又快速的布置方式。当然，有时候免不了会觉得少点什么，尽可能还要添购一些新元素来做搭配，让整个餐桌呈现更完整。

还可以给大家一个小建议：在添购新东西的时候，不妨选择有"扩充性"的单品，也就是挑选不会断货的套组里的单品，而不要购买已经断货的特价品或是只会生产一段时间的限量产品；这样，日后如果有足够预算，就可以再添购同一套餐具里的其他单品，慢慢的，也许就可以购齐一整组餐瓷，让餐桌拥有全新的气象。

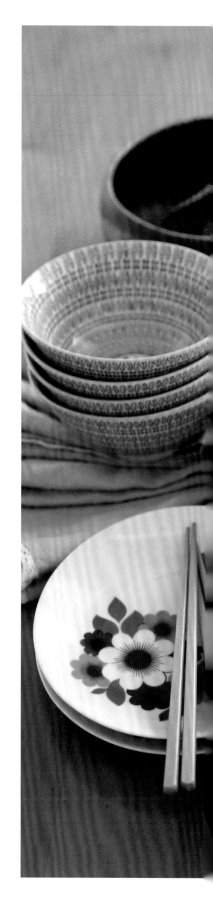

中式餐桌改造实例1（以四口家庭为例）

　　多数中国家庭里现有的餐具都是分次分批买回来的单品，经常是逛市场或是餐具店的时候，看上某一个款式的碗盘，就带一两个回家。因此，若是将所有的餐具拿出来，经常会发现各种风格的碗盘都有，难以统一；再加上中国台湾受日本文化影响极深，难免在挑选餐具的时候，会掺杂一些日式风格的餐具，让家里的餐具风格形成中日混杂的现象。如果你家的餐具也有这样的状况，请放心，只要仔细将既有餐具按色彩、纹样或材质加以分类，避免把风格太过突兀的餐具同时摆到桌上，也能布置出一个和谐又美观的餐桌。

　　不同材质和风格的餐具要放到同一个餐桌，要注意的重点是：个人用的饭碗、餐具、杯子要一致，而盛菜的菜盘则可以选择风格相近的，就能避免一张桌子上的餐具各自为政。

现有餐具
紫红色印花的白色北欧风餐盘：原本购入的数量为4只，但不小心打破了1只，因此，不妨将剩余的2个当作餐桌上的分享盘。
橘红色的大碗：当作个人使用的饭碗或是汤碗。
印有深浅蓝色的中型碟子：用作个人的骨碟。
蓝绿色和乳白色的马克杯：无法找到同一个颜色的杯子，运用两个不同颜色的杯子交错搭配，也是不错的方法。
木制色拉钵和色拉夹：可以用来盛装色拉或是一些有汤汁的菜色。
黄色的塔金锅：用来盛放一些需要保温的菜色。

不同材质和风格的餐具要放到同一个餐桌，要注意的重点是：个人用的饭碗、餐具、杯子要一致，而盛菜的菜盘则可以选择风格相近的，就能避免一张桌子上的餐具各自为政。

1.陶制餐具和瓷制餐具质感虽然不同，但只要找出风格类似的单品，即使花色差异性很大，组合在一起也营造出一种趣味性。

2.将不足数量的盘子用作分享盘，也是一种变通再利用的方法。

3.这些餐具虽然看起来风格不同，但同样都是花朵图案，搭配在一起也不会不搭调，此时就不宜再搭配桌布、餐垫，让桌子尽量干净，才不会让人眼花缭乱。

刀叉的颜色和餐垫作一区分，运用跳色的原则，创造缤纷感。酒杯用白色，水杯就尽可能找一些有颜色的杯子，就能创造出层次感。

现有餐具

橘色和咖啡色点点的深盘：运用有深度的盘子，作为个人的餐具使用。

彩色的小碗：可以当作骨碟使用。

芭蕾图案的白盘：用作分享盘。

彩色塑料杯：当作水杯。

乳白色玻璃杯：当作酒杯。

粉色系餐垫

彩色刀叉

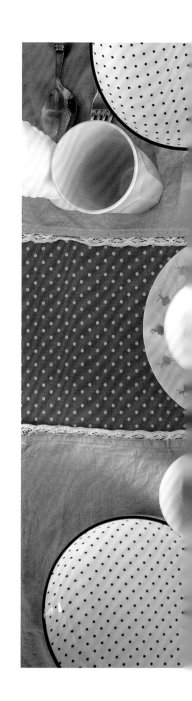

中式餐桌改造实例2（以四口家庭为例）

　　在挑选餐具的时候，往往都是以自己喜欢的款式风格为优先考虑，如果你喜欢的风格明确单一，挑选出来的餐具可能就很容易搭配在一起；但如果你是一个凭直觉、不考虑风格是否相搭就购买的人，当你需要布置餐桌时，可能就会遇到"餐具之间无法搭配"的问题了。

　　这次实例的主人对甜美乡村风格的餐具情有独钟，对于粉色系的餐具不可自拔，如果按照她挑选的餐具布置，就容易变成一桌没有变化的粉红色，缺乏颜色的层次感，因此，我们尽可能找出她家里其他色彩的餐具来搭配她最喜欢的粉红色，打造出一个缤纷又有女孩感的餐桌。

如果家里的餐具不足一套（四个），不妨试着让两个颜色组成一组，交错摆放，也能创造出整体感，这样的设计甚至会让餐桌更有表情。

不同颜色的餐垫交错摆放，可以增添餐桌布置的俏皮感，也能适时划分出个人的用餐空间，增加层次感。

餐桌的中央放上一个白色的烛台，插上颜色较为活泼的蓝色蜡烛，打造餐桌的亮点，是值得一试的小巧思。

图书在版编目（ＣＩＰ）数据

小日子里的幸福餐桌：从挑选餐具开始学习日常餐
桌布置 / 余嘉方著 . — 北京：化学工业出版社，2016.9
（我的生活美学）

ISBN 978-7-122-27535-6

Ⅰ.①小… Ⅱ.①余… Ⅲ.①宴会-设计 Ⅳ.
①TS972.32

中国版本图书馆CIP数据核字(2016)第151305号

责任编辑：林俐　　　　　　　　　　　　　　　　　　　　　装帧设计：尹琳琳

出版发行：化学工业出版社（北京市东城区青年湖南街13号　　邮政编码100011）
印　　装：北京东方宝隆印刷有限公司
787 mm×1092 mm　　1/16　　印张 10　　字数　300千字　　2016年8月北京第1版第1次印刷

购书咨询：010-64518888　　（传真：010-64519686）　　售后服务：010-64518899
网　　址：http：//www.cip.com.cn
凡购买本书，如有缺损质量问题，本社销售中心负责调换。

定　价：　58.00元　　　　　　　　　　　　　　　　版权所有　　违者必究